U0210315

规模养羊
实用技术

陈新梅　王晓华　主编

甘肃科学技术出版社

图书在版编目（C I P）数据

规模养羊实用技术 / 陈新梅, 王晓华主编 . -- 兰州：
甘肃科学技术出版社，2021.2
ISBN 978-7-5424-2657-4

Ⅰ．①规… Ⅱ．①陈… ②王… Ⅲ．①羊－饲养管理
－技术培训－教材 Ⅳ.①S826

中国版本图书馆CIP数据核字 (2021) 第 032378 号

规模养羊实用技术

陈新梅　王晓华　主编

责任编辑　刘　钊
封面设计　张　宇

出　　版　甘肃科学技术出版社
社　　址　兰州市曹家巷 1 号　730030
网　　址　www.gskejipress.com
电　　话　0931－8125103　（编辑部）　0931－8773237　（发行部）
京东官方旗舰店　https://mall. jd. com/index-655807.html

发　　行　甘肃科学技术出版社　　印　刷　甘肃城科工贸印刷有限公司
开　　本　710 毫米×1020 毫米 1/16　印　张　10 插页 2 字 数150 千
版　　次　2021 年 4 月第 1 版
印　　次　2021 年 4 月第 1 次印刷
印　　数　1~3 500
书　　号　ISBN 978-7-5424-2657-4　　定　价　29.00 元

总　序

　　产业兴旺是乡村振兴的基石，是实现农民增收、农业发展和农村繁荣的经济基础。产业兴旺的核心是农业现代化。实现农业现代化的途径是农业科技创新和成果的转化，而这一过程的核心是人。本书的作者是一批长期扎根基层、勤于实践、善于总结的广大农技人员，他们的探索创新，为当地产业发展提供了理论和技术的支撑，所编之书，目标明确，就是要通过培养，提升农民科学种田、养殖的水平，让最广大的农民群体在农村广阔天地大显身手，各尽其能，实现乡村振兴。

　　甘肃是一个特色鲜明的生态农业大省，多样的地形、气候、生物，造就了特色突出、内容丰富的多样农业生产方式和产品，节水农业、旱作农业、设施农业……古浪农业是甘肃农业的缩影，有高寒阴湿区、半干旱区、绿洲灌溉区、干旱荒漠区。在这片土地上，农业科技工作者，潜心研究、艰辛耕耘，创新并制定实施了一系列先进实用、接地气的农业技术，加快了当地农业科技进步和现代农业进程。依据资源条件和实践内容，他们凝练编写了这套涵盖设施修建、标准化生产、饲料加工、疫病防控、病虫害防治、农药使用等产业发展全过程的操作技能和方法的实用技术丛书，内容丰富，浅显易懂，操纵性强，是培养有文化、懂技术、善经营的现代农民的实用教程，适合广大基层农业工作者和生产者借鉴。教材的编写，技术的普及，将为甘肃省具有生态优势、生产优势的高原夏菜、中药材、肉羊、枸杞及设施果蔬等一批特色产业做强做优发挥积极作用，助力全省产业兴民、乡村振兴。

祝愿这套丛书能够早日出版发行，成为县域经济快速发展和推动乡村振兴的重要参考，为甘肃特色优势产业发展和高素质农民培育起到积极作用。

2020 年 9 月 3 日

前　言

　　农业的出路在现代化，农业现代化的关键在科技进步。加快农业技术成果转化推广应用，用科技助力产业兴旺，推动农业转型升级和高质量发展，增强农业农村发展新动能，对帮助农民致富、提高农民素质、富裕农民口袋和巩固脱贫成果、提升脱贫质量、对接乡村振兴均具有重要的现实意义。

　　系统总结农业实用技术，目的是：帮助广大农业生产者提高科技素养及专业技能，让农业科技成果真正从试验示范到大面积推广；进一步提高乡村产业发展的质量和效益；夯实农民增收后劲，增强农村自我发展能力。我们整合众多农业科技推广工作者之力，广泛收集资料，在生产一线不断改进，用生产实践证明应用成效，筛选出新时代乡村重点产业实用技术，用简单易学的方式、通俗易懂的文字总结归纳技术要点，经修改补充完善后汇编成册，形成农民实用技术培训丛书，对乡村振兴战略实施具有重要的指导性和参考价值。

　　《规模养羊实用技术》涵盖了养殖场的选址、养殖棚的修建、肉羊品种选育、饲养管理、疾病防治、养殖业政策法规等适度规模养羊各个环节和关键技术，是当前广大农民发展养殖业的技术指南，也可供农村技术人员、基层干部及职业中学参考。

本书在编写过程中，得到高级兽医师、执业兽医师李延国同志的大力帮助，在此表示感谢！由于编写任务重、时间紧、编著者水平有限，教材中不妥和错误之处在所难免。衷心希望广大读者提出宝贵意见，以进一步修订和完善。

编者

2020 年 4 月

目　录

第一章　养羊场的规划与建设

第一节　养羊场的规划

养羊场通常划分为生活区（包括办公室、宿舍、车库等）、生产区（包括羊舍、饲草料贮存和加工车间、畜产品加工和贮存车间等）、隔离区及污物处理区四个部分。如图 1-1、图 1-2 所示。在规划布局时，要充分考虑各分区的特点和需要，因地制宜，统筹规划，合理利用地形地物，并留有以后发展空间。

生活区应占羊场的上风和地势较高的地段，其余依次为生产区、病羊隔离区、粪便处理区。粪便隔离区要安排在最低地段和下风处，这样有利于保证生产、生活不受不良气味及粪便污染，有利于卫生防疫。

一、生活区

羊场的物资运输与外界联系频繁，容易传播疾病，要把场内运输和场外运输的车辆分开，场外运输车辆不得随意进入场内生产区，其车棚、车库应设在生活区。生活区与生产区要严加隔离，生活区应设在靠近交通干线，进出方便的位置。

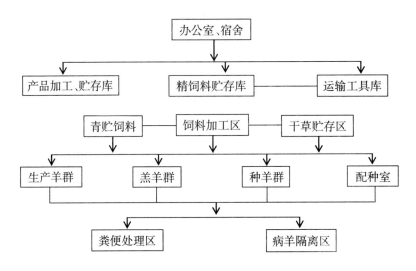

图 1-1　羊场布局平面图

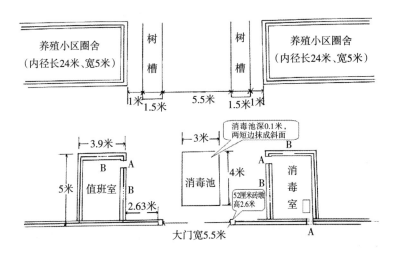

图 1-2　养羊区布局及大门、消毒室平面示意图

二、生产区

生产区是羊场的核心部分，要考虑羊舍与饲料加工区的联系。饲料的供应、贮存、加工是羊场重要的生产环节。羊场对干草的需求量大，其堆放场地要大，位置既要运输方便，又要利于防火安全。

为防止疫病传播，应将种羊群、羔羊群、生产羊群分开，设在不同地段，分区饲养管理。种羊群、羔羊群应放在比较安全的上风地段。

三、病羊隔离区

为防止疫病传播与蔓延，病羊隔离区应设在生产区的下风向与地势较低处，并与生产区保持一定距离。病羊隔离区要设单独通道与出入口，尽量与外界隔绝。

四、污粪处理区

污粪处理区应设置在全场下风、地势最低处，与饲料调制方向相反的一侧。位于羊舍远端，避免与饲料通道交叉。

五、隔离场区

隔离场区应距羊场2千米以上，主要用于从外地引进羊只的隔离检疫期使用。

第二节　养羊暖棚的修建

根据古浪县的地势和气候特点，古浪县修建的养殖暖棚主要有半棚式塑料暖棚和双列式对棚两种类型。

一、半棚式塑料暖棚

这种棚是以前古浪县普遍使用的一种类型，其修建成本也比较低，一般适宜于养殖规模较少的养殖户，这类棚多坐北朝南，棚顶一面为塑料棚膜覆盖，另一面为土木或砖木结构的屋面。在不覆盖塑料棚膜时，呈半敞棚状态。其半敞棚占整个棚的1/3~1/2。一般从中梁处向前墙覆盖塑料膜形成南屋面。这类棚覆盖塑料的一面可以是斜面式的，也可以是拱圆式的。其修建的大小尺寸如图1-3、图1-4、图1-5、图1-6所示。

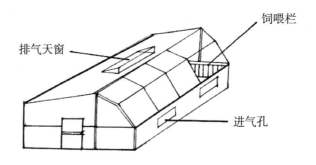

图 1-3 暖棚羊舍示意图

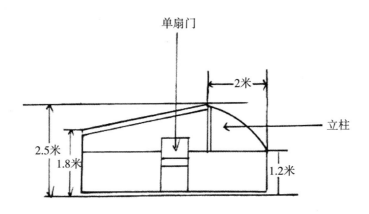

图 1-4 暖棚羊舍截面图

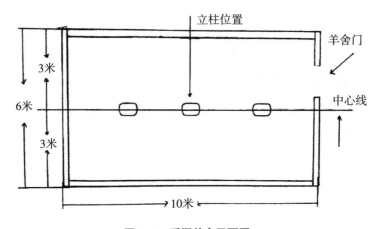

图 1-5 暖棚羊舍平面图

图 1-6 修建完成的养畜暖棚

二、双列式对棚

这种棚是长方形，四边是砖墙，棚宽 12 米，中间是 2 米宽的走道，两边是养殖区。棚顶部彩钢覆盖，中间走道之上用透明的阳光板覆盖，便于棚内采光。根据古浪县冬、春南北风多的特点，为防止冷风直通棚内和采光充足，这种棚的位置要南北走向，光线上午从东棚面进入，下午从西棚面进入，具有采光时间长，光线均匀，四周低温带少的特点，但这类棚由于跨度大，为了防风和抗压的需要，对建筑材料的要求严格，所以建筑成本较高。这种棚的修建大小及效果如图（图1-7、图1-8、图1-9、图1-10）。

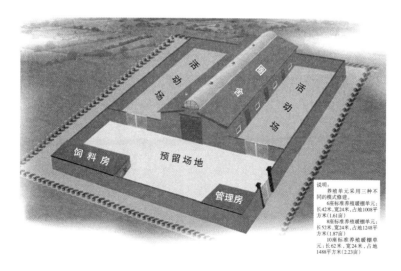

说明：
养殖单元采用三种不同的模式修建。
6座标准养殖暖棚单元：长42米，宽24米，占地1008平方米(1.61亩)。
8座标准养殖暖棚单元：长52米，宽24米，占地1248平方米(1.87亩)。
10座标准养殖暖棚单元：长62米，宽24米，占地1488平方米(2.23亩)

图 1-7 双列式养羊暖棚效果图

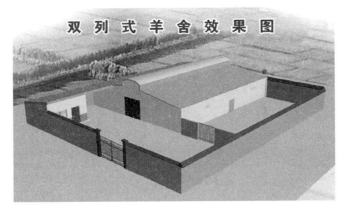

图 1-8 双列式养羊暖棚效果图

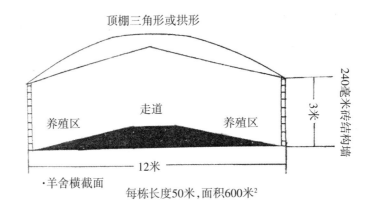

图 1-9 双列式养羊暖棚的基本结构

图 1-10 双列式养羊暖棚的内部结构

第三节　羊舍的建筑设计要求及基本结构

修建羊舍的目的是保暖防寒，满足羊的生理需求，以保证羊群有良好的生活环境和有利于各类羊群的生产管理，从而发挥最佳的生产性能和产生最佳的经济效益。

一、羊舍面积

根据饲养羊的数量、品种和饲养方式而定。面积太大浪费土地和建筑材料，管理不便也不利于冬季保暖；面积太小，舍内易潮湿，空气污染严重，羊只拥挤在一起，对健康不利，同样管理不便，影响生产效果。各类羊只适宜面积为：一般肉羊每只需要面积 1~2 米^2，种公羊（单饲）4~6 米^2，种公羊（群饲）2~2.5 米^2，产羔母羊1.4~2.0 米^2，断奶羔羊 0.2~0.3 米^2，商品肥羔 0.6~0.8 米^2，育肥羊 0.7~1.0 米^2。

羊舍外要设置运动场，面积应为羊舍的 2~3 倍，成年羊运动场面积可按每只 4 米^2 计算。产羔舍内附设产房，房内要有取暖设备，必要时可以加温，产羔舍面积按产羔母羊数的 20%~25% 面积计算。

二、羊舍温度

一般冬季产羔舍内温度不要低于 8℃，其他羊舍温度不低于 0℃；夏季羊舍温度应不超过 30℃。

三、羊舍湿度

羊舍要保持干燥，地面不潮湿。舍内相对湿度应保持在 50%~70%。

四、通风换气

为了保证羊舍干燥和空气新鲜，必须要有良好的通风设备和措施。屋顶上必须设通风天窗，天窗必须有活门，随时可以调节大小。四周墙面上必须有通气的门窗。门窗的大小和数量要根据羊舍类型和大小灵活掌握，既便于羊进出、通风、采光，又利于防寒保暖。羊舍窗户面积一般占地面面积的 1/5，窗台距离地面高度为 1.3~1.5 米。窗户最好设计成推拉式的，可随时调节大小。

五、羊舍采光

羊舍必须要充分采光，羊舍采光充足，一是有利于羊的生产发育，二是能保持干燥，减少羊的疫病发生。特别是在修建双列式对棚的时候，一定要将羊舍的坐向定为南北走向，千万不要修成坐南向北。如果将羊舍修成坐南向北的状况，靠北边的一列永远照不到太阳，会引起羊的各种疫病，严重影响羊的生长发育。

六、羊舍的基本结构

羊舍的基本结构包括屋顶、顶棚、墙、门窗、地面、地基等部分，在修建时要根据当地的实际情况和经济条件，本着经济、实用、坚固的原则灵活掌握，在此不必详述。

第二章　肉羊品种介绍及繁育技术

第一节　肉羊品种介绍

随着人们生活水平的提高，对肉羊的需求越来越多，养羊业也由传统的产毛为主转变为产肉为主，而影响肉羊产业成功与否的两大因素，除了良好的饲养管理外，还有品种。一个优良的肉羊品种，除应具备肉用羊的体型外貌外，还要增重快、育肥性能好、产肉性能高、肉质好、早熟和多胎等。

一、小尾寒羊

小尾寒羊是中国古老的地方优良品种之一，属于肉脂兼用短脂尾羊。主要分布在气候温和、雨量较多、饲料丰富的黄河中下游农区，以山东省西南部和河南省台前县的小尾寒羊品质最好。（图 2-1）

1. 外貌特征

头略长，鼻梁隆起，耳大下垂，公羊有螺旋形角，母羊有小角或无角。公羊前胸较深，鬐甲高，背腰平直，体格高大，四肢较高，健壮。母羊体躯略呈扁形，乳房较大，被毛多为白色，少数个体头、四肢都有黑色、褐色斑，尾下端有纵沟。

图 2-1　小尾寒羊

2. 生产性能

生长发育快，肉用性能好，早熟，多胎，繁殖率高。6 月龄公羊体重达 38.2 千克，母羊 37.7 千克；周岁公羊平均体重 60.8 千克，母羊 41.3 千克；成年公羊体重 94.1 千克，母羊 48.7 千克。性成熟早，母羊 5~6 月龄开始常年发情，经产母羊产羔率达 270%，居中国绵羊品种之首，是世界上著名的高繁殖力绵羊品种之一。

二、湖羊

图 2-2　湖羊

湖羊产于中国的太湖流域，主要分布在浙江省西部和江苏省南部。是中国特有的羔皮用绵羊品种，也是世界上少有的白色羔皮羊品种，同时也产肉，常被作为杂交母本。(图 2-2)

1. 外貌特征

头形狭长，鼻梁隆起，公、母羊均无角，体躯较长，呈扁长形，肩胸较窄，背腰平直，后躯略高，全身被毛白色，四肢较细长。

2. 生产性能

成年公羊体重 48.7 千克，母羊 36.5 千克；剪毛量，成年公羊 1.6 千克，母羊 1.2 千克。被毛异质，主要由毛髓和绒毛组成，两型毛少。产肉性能一般，屠宰率为40%~50%。湖羊繁殖率高，母羊常年发情，一般每胎产羔 2 只以上，母羊平均产羔率228.9%。

湖羊羔皮洁白光润，皮板较轻，有波浪形花纹，毛卷紧贴皮板，朴而不散。湖羊皮在国际上享有很高的声誉，有"软宝石"之称。

湖羊适应于多雨、潮湿和温暖的气候，在农区常年舍内饲养。

三、滩羊

滩羊是蒙古羊的一个分支。是中国特有的裘皮用地方绵羊品种，主要分布在宁夏、甘肃、内蒙古、陕西等地，产区地貌复杂，一般在海拔1000~2000 米，产区植被稀疏低矮，以耐旱的小灌木、豆科、菊科、藜科等植物为食，尤以生产二毛裘皮著称。（图 2-3）

图 2-3　滩羊(公羊)

1. 外貌特征

公羊有螺旋形大角，母羊多无角或小角。头部常有褐色、黑色或黄色斑块。背腰平直，被毛白色，呈长辫状，有光泽。成年公羊体重 47 千克左右，母羊 35 千克左右。

2. 产品特征

滩羊的第一特产就是二毛裘皮，是滩羊羔出生 30 天左右宰杀取得的羔皮，经过精心加工而成，二毛裘皮极薄，如厚纸，质地坚韧，柔软丰匀，非常轻便，古有"千金裘"之称，用二毛皮制作的皮衣，穿着舒适，美观大方，保温性能极佳，是国家传统的出口商品；滩羊毛色清白，纤维细长而均匀，柔软，自然弯曲，富有光泽和弹性。可纺织较细的制服呢、精制地毯等，深受国内外消费者的青睐和喜欢；据《本草纲目》记载，滩羊肉能暖中补虚、补中益气、镇静止惊、开胃健力、治虚劳恶冷、五劳七伤，是人们养生及营养保健的绝佳美食。

四、无角陶赛特羊

无角陶赛特羊原产于澳大利亚和新西兰，即生产肉，又生产半细毛。是澳大利亚、新西兰、欧美许多国家公认的优良肉用品种，也是生产肥羔的理想父本品种。（图 2-4）

图 2-4　无角陶赛特羊

1. 外貌特征

全身被毛白色、同质，公、母均无角，颈粗短，胸宽深，背腰平直，体躯呈圆桶状，四肢粗壮，后躯丰满，肉用体型明显。

2. 生产性能

成熟早，羔羊生长发育快，母羊产羔率高，母性强，能常年发情配种，适应性强。成年公羊体重85~110千克，母羊65~80千克。毛长8.0~10.0厘米，剪毛量2.3~2.7千克。产肉性能高，胴体品质好，2个月内日增重340~390克。4个月龄羔羊体重20~24千克，屠宰率50%以上。母羊产羔率为110%~140%，高者可达到170%。

从1974年开始，中国先后从澳大利亚引进无角陶赛特羊，饲养在内蒙古、新疆的科研单位，通过研究，该羊与蒙古羊、小尾寒羊杂交，杂交后代产肉性能得到显著提高，改良效果很好。

五、杜泊羊

杜泊羊原产于南非，是目前世界上公认的最好肉用绵羊品种，被誉为南非国宝。（图2-5、图2-6）

图2-5　黑头杜泊羊　　　　　　图2-6　白头杜泊羊

1. 外貌特征

杜泊羊分为黑头和白头两种，头上有短、暗、黑或白色的毛，体躯有短而稀的浅色毛（主要在前半部），腹部有明显的干死毛。公、母羊均无角。颈短粗，肩宽平，体长而圆，胸宽深，背腰宽平，后躯发育良好，四肢短粗，肢式端正，全身肌肉丰满，肉用体型好。

2. 生产性能

杜泊羊体质结实，适应炎热、干旱、潮湿、寒冷等多种气候条件。具有成熟早、繁殖力强、泌乳多等特点。羔羊生长发育迅速，胴体品质好，瘦肉多，脂肪少，屠宰率高，适应性强，是生产肥羔的理想肉羊品种。成年公羊体重100~110千克，成年母羊体重75~90千克。杜泊羊生长速度快，4月龄羔羊活重达36千克，胴体重16千克左右，肉中脂肪分布均匀，为高品质胴体。羔羊初生重达5.5千克，日增重可达300克以上，母羊平均产羔率达150%。

中国山东、河南等省引入该品种。除进行纯种繁殖外，用来与当地羊杂交，杂种后代产肉性能得到显著提高。

六、萨福克羊

萨福克羊原产于英国，属于肉用短毛品种羊。（图2-7）

图2-7　萨福克羊

1. 外貌特征

公、母羊均无角，体躯被毛白色，含少量有色毛，头及四肢下端黑色，头较长，耳大，颈短粗，胸宽深，背腰和臀部长、宽而平，肌肉丰满，后躯发育好，四肢粗壮结实。

2. 生产性能

萨福克羊早熟，生长发育快，产肉性能好。母羊母性强，繁殖力强。成年公羊体重 100~110 千克，母羊 60~70 千克。4 月龄公羔胴体重大约 24.2 千克，母羔 19.7 千克，肉嫩、脂少。成年羊毛长 7.0~8.0 厘米，剪毛量 3.0~4.0 千克，产羔率 130%~140%。英美等国在生产肥羔中用萨福克羊作为杂交终端父本。

中国在 20 世纪 80 年代开始从澳大利亚引入萨福克羊，适应性良好，与中国地方绵羊杂交改良，效果良好。

第二节 肉羊品种杂交与繁育技术

肉羊的杂交优势是指杂交后代在生活力、生长发育和生产性能等方面的表现优于亲本纯繁群体。如某良种羊群体平均体重为 40 千克，本地羊群体平均体重为 30 千克，杂交后产生的杂种平均体重为 36 千克，这就表现出了优势。目前，杂交技术已在牛、羊、猪、鸡生产中广泛应用，是畜牧业生产中一项重要的增产技术。

一、杂交亲本的选择标准

杂交后代的表现取决于亲本的优势。一般来说，性状优良的亲本才能产生性状优良的杂种后代。因此，正确选择亲本是杂交成败的关键。

杂交亲本包括母本和父本。对于母本要选择在本地区数量多、适应性好、繁殖性能好、泌乳力强、母性好的品种。母性的强弱关系到杂种羊的成活和发育，影响杂种优势的表现。在不影响生长速度的前提下，不一定要求母本体格很大，如小尾寒羊、湖羊等都是较适宜的杂交母本。对于父本，则选择生长速度快，饲料转化率高，胴体品质好的品种，如萨福克羊、无角陶赛特羊、杜泊羊等都是经过精心培育的专门化品种，遗传性能稳定，可将优良特性稳定地遗传给杂种后代。若进行三元杂交，第一父本不仅要生长快，还要繁殖率高，选择第二父本时主要考虑生长快、产肉力强。

二、杂交模式

1. 二元杂交

二元杂交是指两个肉羊品种的杂交。一般是用肉种羊作父本，用本地羊作母本，杂种一代无论公母，都不作种用，而是全部用于商品生产。二元杂交是最简单的一种方式。杂种后代可吸取父本个体大、生长发育快、肉质良好和母本适应性好等优点，方法简单易行，应用广泛，但母本的杂种优势却没有得到充分发挥。

2. 三元杂交

三元杂交是先用两个品种杂交，所生杂种母畜再与第3个品种杂交，所生一代杂种公羊及二代杂种均作为商品代销售。一般以本地羊作母本，选择肉用性能好的肉羊作为第一父本，进行第一步杂交，产生体格大、繁殖力强、泌乳性能好的母羊，作为羔羊肉生产的母本，公羊则直接育肥。再选择体格大、早期生长快、瘦肉率高的肉羊品种作为第二父本（终端父本），与母羊进行第二轮杂交，所产羔羊全部肉用。这种方法不但利于生长发育方面的优势，而且还利用了繁殖性能方面的优势，但繁育体系的组织工作相对较为复杂。

三、杂交组合

为了获得最优的杂交组合，应考虑选择那些在分布上距离较远、来源差别较大、类型特点不同的品种作为杂交样本。下面介绍三种生产中常用的杂交组合模式。（图2-8、图2-9、图2-10）

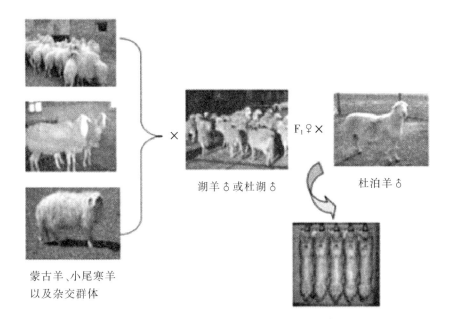

图 2-8 三元杂交示意图(模式一)

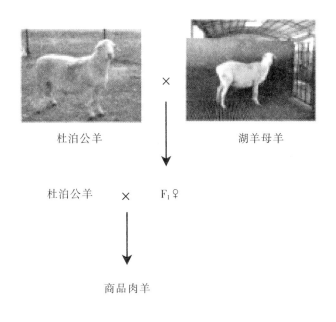

图 2-9 三元杂交(模式二)

湖羊公羊　　　　　　　　　×　　　　　　　　小尾寒母羊

杜泊公羊　　　　　　×　　湖寒 F₁ 母羊

杜湖寒三元
杂交商品肉羊

图2-10　三元杂交(模式三)

第三章　羊的营养需要与饲料配制

第一节　羊的营养需要

羊生长发育的营养需求，是科学养羊的依据，不但可以有效地指导肉羊的饲养管理，而且对于合理利用饲料、降低饲养成本，具有重要意义。羊的营养需求是指满足其生长发育和繁殖生产的各种营养物质，主要包括干物质、蛋白质、能量、矿物质、维生素和水等。

一、干物质

干物质是指各种固形饲料养分需求量的总称。一般用干物质采食量来表示，是一个综合性的营养指标。日粮中干物质过高，羊吃不下去；干物质不足，养分浓度低。所以，在配制饲料时，要正确协调干物质采食量与营养浓度的关系。肉羊干物质采食量一般为体重的 3%~5%。

二、能量需求

能量是羊的基础营养之一，能量水平是影响羊生产力的重要因素。来源于粗饲料（饲草、秸秆和青贮饲料等）中的糖分。只要能量得到满足，各种营养物质，如蛋白质、矿物质、维生素等才能充分发挥其营养作用。否则，即使这些营养物质在饲料中的含量能充分满足需求。仍会导致羊体重和生产性能的下降、健康恶化。而能量过高对羊生产和健康也不利，要掌握控制方法，如限号饲喂，限制采食时间，增加粗饲料比例等。因此，合理的能量水平，对保证羊体的健康、提高生产力、降低饲料消耗有重要作用。

肉羊对能量的需求除了与体质、年龄、生长及日粮中能量与蛋白质的比例有关外，还随生活环境、温度、湿度、风速、活动程序、育肥、妊娠、泌乳等因素而变化，一般放牧羊比舍饲羊耗热多，冬季较夏季多耗热70%~100%；哺乳双羔需要的能量一般要高出维持需要量的1.7~1.9倍。

三、蛋白质

包括蛋白质和氨化物。蛋白质是由多种氨基酸组成的，羊对蛋白质的需求也就是对氨基酸的需求。氨基酸是细胞的重要组成部分，参与机体内代谢过程中的生化反应，是生命过程中的重要作用。

羊对粗饲料的质量、数量要求并不严格，因瘤胃微生物利用蛋白氮和氨化物中氮合成生物价值较高的菌体蛋白，但瘤胃中微生物合成所必需的氨基酸的数量有限，0.6%以上的蛋白质从饲料中获得。高产肉羊只靠瘤胃微生物合成的必需氨基酸是不够的。因此，合理的蛋白质供给，对于提高饲料转化率和生产性能是很重要的。

羊对蛋白质需求量随着年龄、体况、体重、妊娠、泌乳等不同而异。幼龄羊生长发育快，对蛋白质的需求量就多。随着年龄的增长，生长速度减慢，其对蛋白质的需求量就随之下降。妊娠、泌乳羊、育肥羊对蛋白质需求量相对较高。

能量和蛋白质是羊营养中的两大重要指标。饲料中两大指标的比例关系，直接影响羊的生产性能。日粮中蛋白质适量或其生物学价值高，可提高饲料代谢能的利用，使能量沉积量增加。日粮中能量浓度低，蛋白质量不变，羊为满足能量需要，增加采食量，如果蛋白质摄取过多，多采食的蛋白质转化为低效的能量，很不经济。反之，日粮中能量过高，采食量少，而蛋白质摄取不足，日增重就下降。因此，日粮中能量和蛋白质保持合理的比例，可以节省蛋白质，保证能量饲料的最大利用率。

四、矿物质

羊体内组织中的矿物质占 0.3%~0.6%，是生命活动的重要物质，几乎参与所有生理过程。缺乏时会引起神经系统、肌肉运动、食物消化、营养运输、血液凝固、体内酸碱平衡等功能紊乱，影响羊的健康乃至危及生命。

羊体内的矿物质元素主要包括钙、磷、钾、钠、氯、镁、硫、锌、铜、锰、钴、硒、钼等 28 种。其中钙、磷占体内矿物质量的 0.65%~70%，是形成羊体骨骼的主要成分，长期缺乏或钙、磷比例不当，就会使羊出现佝偻病、软骨病和骨质疏松症；钾、钠、氯是维持羊体液酸碱平衡和渗透压的重要成分，如果缺乏和比例失调，羊就会出现虚脱、浮肿等症状，严重时会引起羊死亡。

五、维生素

主要是脂溶性维生素 A、维生素 D、维生素 E、维生素 K 和水溶性维生素（维生素 B 族和维生素 C）。其中水溶性维生素 B 族可由羊瘤胃微生物合成而满足羊的营养需要。因此，不必在日粮中特别添加。但羔羊在瘤胃微生物群尚未建立起来时，日粮中需添加 B 族维生素。维生素 C 在青绿饲料中就很丰富，羊可在采食过程中获得，也不必专门添加。在养羊中一般对脂溶性维生素较为重视，需在饲料中专门添加，以满足羊的营养需求。在此，将脂溶性维生素缺乏引起的一些疾病作一简单介绍。

1. 维生素 D

主要功能是调节钙磷代谢和成骨作用。羊缺乏维生素 D 时易出现钙代谢障碍。羔羊出现"佝偻病"，成年羊出现"骨质疏松症"。所以饲喂母羊的日粮中应含有足够的维生素 D，生产中可通过饲喂晒制干草或放牧等途径来解决。

2. 维生素 A

维生素 A 的生理功能主要是维护上皮组织的健康、维护正常的视力、提高动物个体的繁殖、免疫功能。当缺乏维生素 A 时，羊会出现生长迟缓、骨骼畸形、生殖器官退化、"夜盲症"等，有时会出现羔羊软弱、母羊怀畸形胎或死胎等。

3. 维生素 E

维生素 E 具有抗氧化和保护细胞膜的作用，还与动物的生殖紧密联系。维生素 E 缺乏时，母羊容易发生流产，胚胎易被吸收和死亡；公羊精液品质低，无授精能力。羔羊的"白肌病"是缺乏维生素 E 的典型症状，羊只病重时体弱，后肢僵直，有时并发肺炎和心力衰竭等症。

植物性饲料中的小麦胚，优质豆料干草和青绿饲料都含有丰富的维生素 E。但自然干燥的牧草中的维生素 E 会随着贮存时间的延长而加大损失量。

4. 维生素 K

维生素 K 可存在于有些植物中，也可由动物胃肠道的微生物合成。当维生素 K 不足时，会因限制凝血酶的合成而使动物血凝较差，由于维生素 K 在青饲料中有含量，瘤胃也能合成一些维生素 K，故羊只一般不会缺乏。但草木樨等植物中含有双香豆素，霉变饲料中的真菌霉素，抗菌素和磺胺类药物对维生素 E 有拮抗作用。

六、水的需要

水是机体器官、组织的主要成分，约占体重的 1/2。水参与体内营养物质的消化、吸收、排泄等生理生化过程。同时水对调节体温起着重要作用。畜体内失水 10% 时，可导致代谢紊乱；失水 20% 时，会引起死亡。

羊机体内所需要的水主要来源于饮水、饲料水和代谢水。其需水量受代谢水平、环境温度、生理阶段、体重、采食量和饲料组成等因素的影响。饲料蛋白质和食盐含量增高，饮水量增加；摄入高水分饲料，饮水量降低；气温升高饮水量随之增加。妊娠和泌乳期饮水量增加，如妊娠的第 3 个月饮水量增加，到第 5 个月增加 1 倍；怀双羔母羊饮水量大于怀单羔母羊；母羊泌乳期需水量比干奶期大 1 倍。

第二节　羊饲料配合技术

所谓饲料配合，就是将几种不同的饲料按一定比例配合在一起使用。这样可以使不同饲料中的各种养分按比例均衡地供给畜禽。因为每一种饲料的营养成分不一样，而畜禽的生长发育需要各种养分均衡供给。如果不进行饲料配合，饲料单一，就会使一种养分供给过多，排出体外造成浪费，而其他养分供给不足，造成畜禽生长发育受阻，甚至出现营养缺乏性疾病。因此，饲料均衡配合使用是提高饲料利用率，促进畜禽快速生长的关键技术之一。

关于为什么进行饲料配合，这里举一个"木桶理论"的例子就非常清楚了。所谓"木桶理论"就是用一个木板匝成的木桶，如果每片木板的长短不一样，那么这只木桶的最多盛水量是由最短的那片木板决定的，多余的水都会自动流失。（图 3-1）

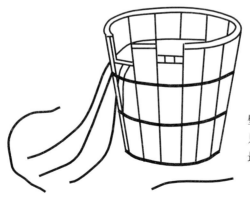

一只木桶，假设桶壁由 12 块木板组成，这只木桶的盛水量取决于最低的那块桶板高度。

图 3-1　木桶理论图

同理，如果我们把羊需要的各种营养元素比喻为木桶的每块板，那么羊生长发育的快慢就是由最少的那种元素决定的，多余的营养都会排出体外而浪费。（图 3-2）

动物生长的快慢是由最少的那种营养元素所决定的。

图 3-2　木桶理论（饲料营养）

一、饲料配制原则

畜禽饲料配制必须遵循以下原则。一是营养的全价性。配制的饲料营养价值要全面、均衡，能够满足畜禽对各种营养成分的需要。二是原料的多样性。应尽可能采用多种饲料搭配，以发挥各种营养物质的互补作用。三是生理适应性。所配饲料要适合不同畜禽的消化生理特点。如单胃动物对粗纤维的消化利用率低，特别是鸡、小猪要严格控制，粗纤维一般不超过 5%。另外，所配饲料的体积应与畜禽消化道大小相适应。体积过大，消化道负担过重，体积过小，即使营养物质满足需要，但畜禽仍会感到饥饿，不利于正常生长。四是适口性。饲料适口性差，畜禽采食量就会下降，造成营养不足，所以应尽量选用适口性好的饲料。有些饲料虽然营养价值高，但适口性差，也应尽量限制用量。五是经济性。要就地取材，充分利用当地廉价饲料，以降低饲养成本。

二、常用饲料的分类及特点

畜禽饲料的种类很多，可分为植物性饲料、动物性饲料、矿物性饲料及其他饲料，饲料种类不同，其特点各异。在此就畜禽精饲料配制所需的饲料进行分类论述，以供今后在配合饲料时使用。（图 3-3）

能量饲料（如玉米、小麦、大麦、次粉、麸皮、马铃薯）
蛋白质饲料（如豆子、鱼粉、骨肉粉、胡麻饼、酵母粉）
矿物质饲料（如骨粉、贝壳粉、钙粉、食盐）
精饲料 微量元素（铁、锌、铜、碘、溴、硒等 28 种）
维生素（如维生素 A、维生素 B、维生素 C）
添加剂（如各种抗生素、抗氧化剂、防霉剂、黏结剂、
着色剂、增味剂以及保健与代谢调节药物）

饲料

青饲料（如苜蓿、燕麦等）
粗饲料 青贮饲料（青贮玉米、青贮甜高粱等）
黄草（玉米秸秆、麦草、豆草等）

图 3-3 畜禽常用饲料的分类

（一）能量饲料

能量饲料是指饲料干物质中粗纤维含量低于 18%，粗蛋白低于 20% 的饲料。主要有以下几类。

1. 禾本科籽实：如玉米、小麦、大麦、高粱、稻类等。是畜禽最主要的能量饲料。（图 3-4）

2. 糠麸类：主要有麸皮、米糠、次粉等。

3. 块根类：主要有马铃薯、胡萝卜、甜菜、甘薯和南瓜等。

图 3-4 能量饲料

（二）蛋白质饲料

蛋白质饲料是指自然含水量低于45%，干物质中粗纤维低于18%，而干物质中粗蛋白含量达到或超过20%的饲料。按照来源不同，蛋白质饲料可分为植物性蛋白质饲料、动物性蛋白质饲料、单细胞蛋白饲料和非蛋白氮饲料四大类。

1. 植物性蛋白质饲料：主要有豌豆、黑豆、黄豆等，其蛋白质含量高，品质好。但含有一种抑制蛋白酶活性的物质，若直接饲喂，会影响消化率，该抑制活性酶物质温热后会立即失去作用。因此，在饲喂前应对豆类进行焙炒或蒸煮处理。

2. 饼粕类：主要有豆饼、菜籽饼、胡麻饼、棉籽饼、花生饼、向日葵饼等，其蛋白质不但含量高（30%~40%），而且氨基酸的组成全面。（图3-5）（图3-6）

3. 食品工业的副产品：主要有豆腐渣、酱油渣、酒糟、啤酒糟等，这些副产品也是很好的蛋白质饲料。

图3-5 豆饼

4. 动物性蛋白质饲料：主要有鱼粉、骨肉粉、羽毛粉、血粉、皮革粉、蚕蛹等。

5. 微生物性蛋白质饲料：主要有酵母粉（啤酒酵母、木糖酵母）等微生物性蛋白质饲料。菌体蛋白含量高达80%，消化率高达95%，也是动物蛋白质饲料的一个新来源。

图3-6 胡麻饼

6. 非蛋白氮：主要包括尿素、缩二脲和铵盐。虽然非蛋白氮不是单纯的蛋白质饲料，但由于它能被牛、羊瘤胃中的微生物合成菌体蛋白，微生物又被牛、羊的第四个胃和肠道消化吸收，所以牛、羊能间接利用非蛋白氮。可以在牛、羊饲料中适当添加非蛋白氮，以替代饲料中的一部分蛋白质。

7. 工业合成氨基酸：主要产品有赖氨酸、蛋氨酸、蛋氨酸羟基类似物。中国市场上销售的赖氨酸、DL-蛋氨酸主要从日本、韩国进口，国内生产的很少。

（三）矿物质饲料

主要用来补充配合饲料中矿物质的不足。主要有骨粉（补充钙、磷），贝壳粉（补钙）、钙粉（补钙）、食盐（补钠、氯）、砂砾（帮助鸡消化）。

（四）微量元素饲料

微量元素指占动物体总质量 0.01% 以下，且为动物体所必需的一些元素。如铁、硅、锌、铜、碘、溴、硒、锰、镁、硫、钴等 28 种。微量元素为动物体必需但需求量很少的一些元素。这些元素在饲料缺少或没有吸收利用时，动物生长不良，过多又容易引起中毒。常用的是由多种矿物质混合的微量元素添加剂。

（五）维生素饲料

由维生素 A、维生素 B（1、2、3、4、5、11、12）、维生素 C、维生素 D、维生素 K、维生素 E 等十几种。通常用人工合成或提纯的单一维生素或复合维生素，如多种维生素添加剂。

（六）添加剂

指各种用于强化饲养效果，有利于配合饲料生产和贮存的非营养性原料配制而成。如各种抗生素、抗氧化剂、防霉剂、黏结剂、着色剂、增味剂以及保健调节药物等。

三、饲料的配制依据、方法

畜禽的营养需要（称饲养标准）和饲料中的营养成分，是进行畜禽饲料配制的两个基本依据。目前中国已制定了不同畜禽的饲养标准。大多数畜禽常用饲料也经分析测定制成饲料成分及营养价值表，可供选择查用。需要注意的是，畜禽饲养标准是根据不同畜禽的群体平均指标制订的，而不是针对单个畜禽制订的，所以在应用中，应根据畜禽的实际饲喂效果进行适当调整。另外，已公布的饲料营养成分表很多，但同一种饲料，由于受产地、水肥条件、土壤类型、收获季节、加工方法、贮存条件、分析方法和操作技术等很多因素的影响，营养成分的分析结果往往不一，有时差异较大。所以要选择最符合饲料产地的营养成分表。

具体配制方法比较复杂，必须请畜牧技术人员指导和参考有关专业书籍，这里不再赘述。下面介绍几个常用的普通饲料配方供参考。

1. 配合饲料的配方设计

（1）能量饲料 50%~70%。

（2）蛋白质饲料 20%~30%。

（3）矿物质类饲料 2%~3%。

（4）维生素类 1%~2%。

（5）微量元素类 1%~2%。

2. 利用饲料厂生产的预混料配合

玉米+豆饼+矿物质、维生素预混料

具体配合比例根据预混料生产厂家提供的说明书进行。

3. 育肥羊饲料配方

配方一：玉米 70%   小麦麸皮 20%

     胡麻饼 8%   预混料 2%

配方二：玉米 50%   次粉 10%

     小麦麸皮 20%   豌豆 15%(炒熟)

     胡麻饼 2%   多种维生素添加剂 1%

     微量元素添加剂 1% 食盐 1%

第三节　中国饲料工业的生产状况与应用

中国目前登记注册的饲料企业有 1.3 万多家，全国饲料生产总量每年为 1.3 亿吨左右，平均每家企业年生产约 1 万吨，每月不足千吨。

中国饲料生产行业发展不平衡，产品质量差异性很大，根据调查数据显示，以正大、希望、六和、温氏、丰禾、正虹、唐人神、海大、正邦等十几家企业集团占有 30% 以上的市场份额，90% 以上的饲料生产企业属于微型规模，甚至有些还是小作坊。以生产预混料的企业来看，月销量 5000 吨以上预混料的企业为大北农、天津正大、北京康地、广东旺大、北农大等，其余多数企业月销量在 100 吨左右。

目前，中国企业生产的畜禽饲料主要有全价配合饲料、浓缩饲料、预混合饲料和功能性饲料四大类，近十几年来，古浪县主要应用的是预混合饲料，其次是浓缩饲料（俗称料精），全价配合饲料用得较少。

一、全价配合饲料

全价配合饲料营养成分完全，能直接用于饲喂畜禽，能够全面满足饲喂动物各种营养需要的配合饲料。该饲料内含有能量饲料、蛋白质饲料、矿物质饲料、维生素饲料以及各种添加剂等，各种营养物质齐全、数量充足、比例恰当，完全能满足动物的生产需要，可以直接饲喂，一般不必再补充任何饲料。

二、浓缩饲料

浓缩饲料是指按照畜禽饲养标准，把各种蛋白质原料（如鱼粉、豆粉）与一定比例的添加剂混合而成的饲料。浓缩料中的蛋白质含量在 35% 以上，各种必需氨基酸、维生素和无机盐的含量都比较充分，不必另外添加。

浓缩饲料俗称"料精"，没有添加能量饲料，不能直接饲喂，必须和玉米面、麸皮（米糠）按照一定比例混合才可以饲喂。养殖户可以根据自家有的玉米、稻谷小麦等饲料原料，按照畜禽不同生长阶段的需要选用不同的浓缩饲料，配制出不同系列的全价饲料。浓缩饲料在畜禽日粮中的比例，依其营养含量而异，一般可占 25%~40%。

1. 雏禽和幼畜日粮的配合比例为：

玉米 60%　　　麸皮 5%　　　浓缩料 35%

2. 育成畜禽日粮的配合比例为

玉米 65%　　　麸皮 10%　　　浓缩料 25%

3. 育肥期畜禽主要选用高能量低蛋白的饲料，所以养殖户只要在能量饲料里添加适量的浓缩料，就可以取得良好的饲养效果。

浓缩料具有使用简单、方便的特点，适合小型养殖场和农户使用。

三、预混料

预混料就是各种微量元素、各种维生素、各种矿物质、多种氨基酸、多种微生物制剂、促生长制剂和适量的预防性药物等的混合物。主要作用就是为了补充动物正常生长发育的需要。预混料饲喂时必须和玉米、麸皮（米糠）、蛋白质饲料按一定比例混合后才可以使用，一般的添加量为 1%~5%。

四、全价配合饲料、浓缩料、预混料之间的不同与使用特点

1. 以上三种饲料从产品的保存时间方面来看，浓缩料在春夏保存期在 3 个月左右，预混料全年的保存期都是 6 个月。

2. 三种饲料的使用对象不同。全价配合饲料可以直接饲喂，不需要添加任何东西，一般用于饲喂幼畜禽，但价格较高；浓缩料主要适用于零散的养殖户，对饲料原料的采购能力不足或者对饲料原料的鉴别能力比较低的养殖户；预混料主要针对大、中型养殖户（养殖小区）的饲料厂，对多种饲料原料如豆粕、玉米、杂粉等有较强的采购和鉴别能力，以确保

配制出高质量的饲料。

五、功能性饲料

1. 无公害饲料

无公害饲料生产的基本要求是，无农药残留，无有机和无机化学毒害品，无抗生素残留，无致病微生物，霉菌毒素不超标准。因此，生产时对饲料原料、饲料添加剂的选择和质量控制比生产普通饲料要严格很多。

2. 生态型饲料

依据生物链（食物链）原理，建立饲料资源可循环利用和可再生的"生态畜牧"生产模式，减少养殖企业对环境的污染，因此提出了生态型饲料的概念。这类饲料利用各种酶制剂，使饲料中大量的潜在营养物质被动物利用，极大地提高了饲料的利用率。微生态制剂和天然中草药饲料添加剂是生产生态饲料最适用的添加剂。

3. 高效能饲料

利用专门设备，将大豆、玉米等原料进行挤压膨化，对饲料营养成分的破坏程度很小，消化率非常高，适口性好，耐储藏，是目前生产高营养密度、高消化率的乳猪料、肉鸡料、虾饵料的最佳加工技术。为了将秸秆作为反刍动物和草食动物的饲料，人们开发了青贮、氨化、揉搓、微贮等多种加工方法，适口性比干秸秆好很多。目前，有的地方已建立了粗饲料加工厂，用化学、物理、生物学方法处理动物血液、羽毛等有极高营养价值的东西，可以通过酶解、微生物发酵把它们的消化率提高到90%以上，使其成为营养价值非常高的蛋白质饲料。

第四节 全混合日粮（TMR）应用技术

全混合日粮（TMR）是英文 Total Mixed Rations 的简称。所谓全混合日粮（TMR），就是按照饲料配方要求，将粗料、精料、矿物质、维生素和其他添加剂充分混合，并调整含水量至 45%±5%，能够提供足够的营养以满足羊的营养需要。在生产中加工 TMR 时，采用特制的搅拌机对日粮各组成成分进行搅拌、切割和揉搓，从而保证家畜所采食的每一口饲料都是精粗比例稳定、营养价值均衡的全价日粮。

TMR 在国外已经发展多年，中国推广使用 MTR 技术较晚，周建民先生于 1985 年在北京三元绿荷奶牛场首次进行了 TMR 饲养试验，取得了良好效果。近几年，TMR 技术在养羊业中的应用推广也逐步开展起来，并且效果显著。

粗饲料（如青贮玉米、小麦秸、干苜蓿草、干豆草等）。

精饲料（如玉米、麸皮、胡麻渣、预混料等）。

各种添加剂（如微量元素、多种维生素、食盐等）。

一、全混合日粮（TMR）搅拌机

1. 固定式 TMR 搅拌机（图 3-7）

优点：因电价比油价低很多，使用电机为搅拌车提供动力，降低了饲料加工成本，减少了机器保养油耗，甚至无油耗发生；固定式搅拌车故障率低，维护保养简单。

图 3-7　固定式全混合日粮搅拌机

缺点：一般传统羊场牧草库、精料库、青贮窖不集中，致使加料时间长，造成机械设备的工作时间延长，磨损及电耗增加；需要由三轮车或农用车运到羊舍，而搅拌好的日粮也只能卸到羊舍门口，然后再进行饲喂，即 3 次搬运方式，容易改变 TMR 饲料的均匀度；未能达到节省人工数量的目的。

2. 移动式 TMR 搅拌机（图 3-8）

优点：可以随处取料，无须其他专门设备搬运集中物料，节省人工；利用自身的青贮抓手或青贮取料机自动切取青贮饲料，对保护青贮饲料截面，避免二次发酵效果十分明显；可以自由进出羊舍撒料，节省大量人工。搅拌好的 TMR 饲料可以即时进行投放，保证饲料的新鲜度，减少饲料因变质而造成的损失；工作循环时间较短，生产效率高。

缺点：对拖拉机性能的依赖性强，维护保养工作量较大，保养所需的油耗较高；该模式对羊舍及羊场道路布局要求较高。

图 3-8　移动式全混合日粮搅拌机

（1）TMR 机的选择。

机型的选择：推广移动式 TMR 机，最好选择立式混合机。它与卧式相比优势明显：草捆和长草无需另外加工；混合均匀度高，能保证足够的长纤维刺激瘤胃反刍和唾液分泌；搅拌罐内无剩料，卧式剩料难清除，影响下次饲喂效果；机器维修方便，只需每年更换刀片；使用寿命较卧式长

（15000 次/8000 次）。

容积的选择：选择时的考虑因素，其一是根据羊场的建筑结构、喂料道的宽窄、羊舍高度和羊舍入口等来确定合适的 TMR 搅拌机容量；其二是根据羊群大小、羊干物质采食量、日粮种类（容重）、每天的饲喂次数以及混合机充满度等选择容积大小。

生产性能的选择：要考虑设备的耗用，包括节能性能、维修费用以及使用寿命等因素。

3. TMR 搅拌机装料顺序

固定装料顺序，能保障 TMR 的均匀度和粒度的稳定。一般饲料原料装入顺序以先多后少，先轻后重，先干后湿为原则：干草–苜蓿，精补料，甜菜粕，全棉籽，青贮饲料，液体饲料，糟渣类饲料（啤酒糟、酒糟、块根类）等。

4. TMR 饲料的优缺点

TMR 饲喂技术与传统的精粗分饲法相比，具有以下优点：各种粗饲料被切碎，再与精饲料及其他添加物均匀混合，改善了粗饲料的适口性，提高了家畜采食量。家畜在任何时间采食的每一口 TMR 都是营养均衡的，瘤胃内可利用糖类与蛋白质的分解更趋于同步。从而使瘤胃 pH 更加趋于稳定，有利于微生物的生长、繁殖，改善了瘤胃机能，防止消化障碍。TMR 可以掩盖适口性较差饲料的不良影响，使家畜不能挑食，从而减少了粗饲料的浪费，降低了饲料成本。

总之，TMR 有助于控制生产、饲喂管理，省工省时，提高规模饲养效益及劳动生产率。

二、全混合日粮的基本配方

1. 育肥羊：每天饲喂日粮 6 千克。

（1）粗饲料：3 千克。

其中：玉米青贮（微贮）2 千克。

干苜蓿草（豆草）1 千克。

（2）精饲料：3千克。

其中：玉米占70%，麸皮占10%，胡麻饼占10%，豌豆占5%，预混料占3%，添加剂占1%，食盐占1%。

2. 玉米58.7%，干草40%，黄豆饼1.3%，预混料1%。

此配方风干饲料中含粗蛋白质11.37%，总消化养分67.10%，钙0.46%，磷0.26%，精粗比为60:40。

3. 碎玉米粒27%，青贮玉米67.5%，黄豆饼5%，石粉0.5%，多种维生素添加剂1%，多种微量元素添加剂1%。

此配方风干饲料中含粗蛋白质11.31%，总消化养分70.9%，钙0.47%，磷0.29%，精粗比为67:33。

第五节　青贮饲料的制备

青贮是保证常年均衡供应青绿多汁饲料的有效措施。青贮饲料气味酸香、柔软多汁、颜色黄绿、适口性好，是羊四季，特别是冬春季节的优良饲料。农区青贮玉米对于提高羊生产的经济效益具有重要的意义。

一、青贮的原理

实质是新鲜植物紧实的堆积在不透气的容器中，通过微生物（乳酸菌）的厌氧发酵，使原料中的糖分转变成有机酸——主要是乳酸。当乳酸在青贮饲料中积累到一定浓度时，就能抑制其他微生物，如腐败菌的活动，从而使青贮饲料得以长久的保存。

二、青贮饲料制作的技术要点

1. 排除空气

乳酸菌是厌氧菌，只有在没有空气的条件下才能繁殖，若没有排除空气，乳酸菌不但不能存活，其他好氧的霉菌、腐败菌会滋生，导致青贮失败,所以青贮过程中,原料切得越短,压得越紧实,密封越严就越好。

2. 创造适宜的温度

原料温度在 25℃~35℃,乳酸菌会大量繁殖,很快占主导地位,使其他杂菌无法活动繁殖。若原料温度在 50℃以上,丁酸菌就会繁殖生长,青贮原料就会出现臭味,以致腐败。因此,要尽量控制温度,不要使温度太高。

3. 掌握好水分

适于乳酸菌繁殖的含水量 70%左右,过干不易踩实,温度易升高,过湿牲畜不爱吃。70%的含水量相当于玉米植株下面有 3~5 片干叶;如果全株青贮,收割后可晾半天;青黄叶比例各半,只要设法踩实,不加水同样可获得成功。

4. 选择合适的原料

乳酸菌发酵需一定的糖分。要求原料中含糖量不少于 10%,否则,影响乳酸菌的正常繁殖,青贮饲料的品质难以保证。含糖多的易贮存,如玉米秸秆、青草和瓜秧等;含糖少的不易贮存,如大豆秸秆、花生秧等。含糖少的可与含糖多的原料混合,也可加入 3%~5%的玉米面或麦麸单独青贮。

5. 确定适宜的收割时间

如玉米蜡熟时全株青贮效果最佳,将收获果穗后的青玉米秸秆切成 2 厘米长,加水 10%~15%,然后按比例掺入尿素,可调制成品质优良的玉米秸秆青贮饲料。

三、青贮的形式和容器

1. 制作青贮饲料量少时,选择大水缸或塑料袋。将饲料切短后放一层,压紧一层,直至加满,最上面放一层薄膜,然后用黄泥密封。若是塑料袋,填充压紧后,用绳子扎紧,1 个月后便可饲喂。

2. 制作青贮饲料量多时,选择青贮池,地上式青贮窖方便,用机器切短青贮秸秆,吹入窖内,用人力或推土机压紧,然后用薄膜盖好,顶部用土压紧。至于用何种形式，要根据地形、需要而定，但窖要以建长、高为主，不能做成方形，面积太大，不利于封顶，浪费太多。青贮窖最好砖砌、水泥抹面，选择地势高燥、地下水位低和土质坚硬、向阳的地方，以防渗水、倒塌。建好窖后晾晒 1~2 天，以减少窖壁水分，增加窖壁硬度，窖的四周应有排水沟，以防雨水流入窖内。青贮窖的大小，按每立方米可做 600~700 千克青饲料（青玉米苗或带苞玉米），1 只大羊每天采食按 2 千克计，就可估算出其大小。

四、一般青贮步骤

1. 适时收割饲料作物。一般主张玉米在乳熟后期、禾本科饲料作物在抽穗期，豆科牧草在始花期收割为宜。

2. 清理青贮设备。最好建设地上青贮池，由内向外留出 0.3%~0.4% 的比降便于排水。已用过的青贮设备，在重新使用前，必须将其中的脏物和杂物等清理干净，有破损处要加以修补。

3. 原料切碎。羊用的原料，一般切成 2 厘米左右，以利于压实和便于羊只以后的采食。

4. 控制原料水分。大多数青绿饲料原料青贮时均需进行水分调节。当水分过多时，适量加入干草粉或秸秆粉等含水量少的原料；当原料水分低时，将新鲜的青绿饲料交替装填入窖，混合贮存。

5. 原料装填压实。一旦开始装填青贮原料，则速度要快并及时封顶。原料每次装填达到 15~20 厘米时，须压实 1 次，并且要特别注意窖边和四角的踏实。

6. 密封和覆盖。青贮原料装满压实后，应高出窖口 30 厘米以上，这时应尽快密封和覆盖。先用塑料布覆盖原料，然后盖 50 厘米左右的土，并拍打成馒头状，以免积水或下陷。

7. 管理。封窖后，应在窖四周距其约 1 米处挖一条浅排水沟，防止雨水积聚渗入窖内。封窖后连续 1 周应每天检查窖的下沉情况，如封土下陷出现裂缝，要及时修补覆盖。

五、添加剂青贮的方法

常用的添加剂种类和使用方法如下：

1. 尿素。含氮量 40% 左右，用量为青贮原料的 0.4%~0.5%。水分大的饲料，可直接撒入尿素；水分小的饲料，先将尿素溶于水中，然后将尿素水溶液喷洒入饲料中。

2. 食盐。用量为青贮原料的 0.5%~1.0%，常与尿素混合使用，使用方法与尿素同。

3. 秸秆发酵菌剂。按说明书的要求加入，可干撒或拌水喷洒。

4. 酶制剂。使用方法同秸秆发酵剂。

5. 硫酸和盐酸。两者等量混合，每吨含干物质 20% 的青贮原料加混合液 60 毫升，可使青贮料的 pH 降低，有利于减少干物质的损失。

6. 蚁酸、丙酸和尿素。蚁酸、丙酸、尿素以 1:1:1.6 的比例混合，添加量为每吨原料 7.7~15.4 升。用于禾本科牧草较好。

7. 苯甲酸加醋酸。每吨饲料加苯甲酸 1 千克，醋酸 3 千克青贮饲料。

六、青贮饲料的利用与品质鉴定

1. 青贮饲料的利用。青贮饲料在封窖 40~60 天后即可开窖饲喂。开窖前要先清除封窖的盖土及铺草。圆顶窖要盖好塑料布或席，便于逐层取用。长形窖从一端开始，逐段取料，逐段清除盖土。袋装料用完一袋后再开启下一袋。

青贮饲料的喂量，羊一般每天 2~3 千克，全株玉米青贮 1~1.5 千克。

2. 青贮饲料的品质鉴定。青贮饲料的品质鉴定标准参照表 3-1。

表 3-1　青贮饲料品质鉴定标准

质量等级	pH	颜色	气味	结构质地
优良	4~4.2	青绿色或黄绿色	芳香酒酸味	茎叶结构良好，松散，质地柔软，略带湿润
中等	4.6~4.8	黄褐色或暗褐色	有刺鼻酸味、香味淡	柔软，但稍干或水分稍多
低劣	5.6~6.0	黑色、褐色或墨绿色	有刺鼻腐臭味或霉味	茎叶腐烂，黏成团，或松散干燥、粗硬

第六节 秸秆氨化技术

秸秆氨化是指用尿素、氨水及其他含氮化合物（碳酸氢铵），将其按一定比例喷洒或灌注于秸秆上，在常温、密闭的条件下，经过一段时间后再使用的化学处理方法。

经氨化成熟后的饲料称氨化饲料。由于饲料中 NPN 的增加，在瘤胃微生物的作用下，使饲料蛋白质总量增加。同时，氨化后的饲料质地蓬松，提高了粗纤维的消化率，改善了饲料的适口性。此外，含水量高的秸秆经氨化后还可以防止霉变、杀灭杂草种子、寄生虫卵及病原微生物。主要有以下三种方法：

一、尿素氨化法

即利用尿素做氮源。可采用堆垛或氨化池等方式进行。其操作步骤如下：

1. 采用地面堆垛法时，首先选择一块平坦的场地，并在准备堆垛处铺好塑料布。采用氨化池时，需提前砌好池子并用水泥抹好。

2. 将风干的秸秆用铡草机或粉碎机铡短或粉碎、称重。

3. 称取秸秆重量 3%~5%的尿素，用少量温水溶化，100 千克风干秸秆用水40~50 千克，配成尿素溶液。

4.将上述尿素溶液均匀地喷洒于秸秆中，然后将处理过的秸秆装入氨化池或堆垛，并压实。最后用塑料布密封，四周用土封严，以确保不漏气。

5. 开封时间依据外界气温而定（表3-2）。

6. 秸秆氨化成熟后，手感柔软，有潮湿感，色样黄褐。若色泽黄白，可能是氨化过程中漏氨、秸秆含水不足、氨化时间不够、湿度过低等原因造成的。若颜色呈褐黑色，发黏并有霉味，则说明秸秆变质。秸秆成熟后，从窖的一端按用量分段揭开塑料布，取出秸秆。饲喂前要充分放氨，一般1~3天后可喂羊。

表3-2 秸秆氨化的时间

气温	低于5℃	5℃~15℃	15℃~30℃	30℃以上
氨化天数(天)	不氨化	30~50	10~30	7~10

二、碳铵氨化法

碳铵全称是碳酸氢铵。氨化方法步骤与尿素氨化法相同。碳铵用量一般因气温高低而调整，在气温20℃~27℃时，为秸秆干物质重量的12%，当气温在15℃~17℃时，应为秸秆的6%。

三、液氨氨化法

液氨又称无水氨。当其在空气中的浓度为15%~18%时，遇火即可引起爆炸。尽管这种现象极少见，但是如果在秸秆处理中不注意，则可能会引起严重事故。在常温下，无水氨的沸点很低（-33.4℃），以气体的形式存在，不便使用，故高压密封保存。具体操作如下：①准备好氨化用具。若采用堆垛法，应先将地面整平，铺好塑料膜；若采用氨化池，需提前用水泥砌好池子。②将秸秆铡短，称重，调整其含水量为30%~50%，也可将秸秆打成15千克左右的草捆。③将水分合适的秸秆装池或堆垛，并用塑料布密封，四周用土或水泥压实，严防漏气。④在预定的充氨点插入氨枪，打开氨瓶开关，当充氨量达到秸秆干物质的3%时（含水量15%~20%），停止放氨，取出氨枪，并立即封好充氨孔。⑤开封时间。可根据温度处理，一般1~8周。⑥液氨对呼吸道及皮肤有危害，遇火易引起爆炸。操作时应严格遵守操作规程，要经常检查贮氨罐的密封性，严防碰撞和烈日曝晒罐体，充氨时要有专人负责，操作人员要戴好防毒面具，操作场地应严禁火源。

四、氨化饲料品质检测

氨化饲料在利用之前应进行品质鉴定。一般来说，经氨化的秸秆颜色应为杏黄色，氨化的玉米秸秆为褐色，质地柔软蓬松，用手紧握有明显的扎手感。氨化的秸秆有糊香味和刺鼻的氨味。氨化玉米秸的气味略有不同，既有青贮的酸香味，又有刺鼻的氨味。若发现氨化秸秆大部分已发霉时，则不能使用。

五、氨化饲料利用时的注意事项

窖池开封后，经品质检验合格的氨化饲料需在阴凉的通风处晾晒放氨几天，待氨味消除后方可饲喂。放氨时应远离畜舍和住所，以免释放的氨气刺激人畜呼吸道和影响家畜食欲。放氨时不要曝晒和晾得过干，以免影响氨化效果。

氨化饲料在初喂时，需加入 2/3 的未氨化秸秆混合饲喂，氨化秸秆的饲喂量最多可占粗料的 2/3 左右。

反刍动物在饥饿状态下不易大量饲喂氨化饲料，饲喂氨化秸秆后 0.5 小时或 1 小时方可饮水，若羊采食大量氨化饲料后立即饮水，会迅速提高瘤胃内氨的浓度，导致氨中毒。若发现有氨中毒的迹象，要立即停喂氨化饲料，同时灌服 0.2~0.5 千克食醋、1~5 千克的 5%~10% 的糖水解毒。有条件的地区，可适当搭配糖类较高的饲料，并配合一定数量的矿物质和青贮饲料喂养，以充分发挥氨化秸秆的作用，提高利用率。

第四章 肉羊饲养管理技术

第一节 肉羊的饲养管理

一、种公羊的饲养管理

俗话说"母羊好，好一窝；公羊好，好一坡"。种公羊饲养的好坏直接影响羊群品质、外形、生产性能和繁育育种。在各类羊场的羊群结构中，种公羊约占2%。种公羊的数量少，但种用价值高，要保证种公羊优良性状的充分发挥，饲养管理非常重要。如果饲养管理不好，种公羊体质瘦弱，不能担负起繁重的配种任务；但一味地给予好草好料，种公羊长得过于肥胖，也难担负起繁重的配种任务。所以，种公羊的饲养管理要科学、合理。

1. 种公羊的基本要求

种公羊应常年保持中上等膘情，活泼、健壮、精力充沛、性欲旺盛，精液品质良好，不宜过肥过瘦。种公羊的饲料要求是营养价值高，适口性好，易消化，力求多样化，营养全价。

2. 种公羊的日粮特点

对种公羊饲料的要求是营养价值高，有足量的蛋白质、维生素和矿物质，且易消化，适口性好，体积小。好的青干草有苜蓿草、三叶草、青燕麦草等。多汁饲料有胡萝卜、甜菜或青贮玉米等。精料有燕麦、大麦、豌豆、黑豆、玉米、高粱、豆饼、麦麸等。优质的豆科和禾本科混合干草，是种公羊的主要饲料，一年四季应该足量喂给。夏季补以半数青刈草，冬季补以适量青贮饲料。日粮营养不足，以混合精料补充。

3. 饲养管理方法

种公羊的饲养可分为非配种期和配种期。配种期又可分为配种准备期、配种期和配种后期。

（1）非配种期。此期总的饲养要求是：保证足够的热能供应，并供给一定量的蛋白质、维生素和矿物质。

冬春枯草季节，每天应补饲混合精料 0.5 千克，干草 3 千克，胡萝卜 0.5 千克，食盐 5~10 克，骨粉 5 克。夏季以放牧为主，另外日补给精料 0.5 千克，每天分 3~4 次喂给，饮水 1~2 次。种公羊冬春季节每天的放牧运动不少于 6 小时，夏季不少于 12 小时。

（2）配种期。此期种公羊的饲养管理必须认真，管理重点落实到每个细节。制定严格的管理流程表，对于种公羊的采食、饮水、运动、粪便排泄等情况，每天需要详细记录在案。种公羊饲养圈舍确保清洁卫生，制订严格的消毒流程。饲料确保营养全价，严禁使用霉变的饲料。饮用水源确保洁净卫生。定期检查料槽，有残存的及时清理，减少饲料浪费和污染。青草或干草，必须放置在草架上喂养。为搞好配种期种公羊的饲养管理，可细分为配种准备期、配种期和配后复壮期。

配种准备期是指配种前 1~1.5 个月。因为精子的生成，一般需 50 天左右，营养物质的补充需要较长时间才能见效。所以在此时就应喂配种期日粮。配种期日粮富含能量、蛋白质、维生素和矿物质。混合精料喂量，可按配种期喂量的 60%~70% 给予，逐渐增加到正常喂量。

管理上应对种公羊进行调教（具体方法有：把公羊放入发情母羊群里；别的公羊配种时在旁观摩。按摩睾丸：每天早晚各 1 次，每次 10~15 分钟；用发情母羊阴道分泌物抹在公羊鼻尖上刺激性欲等）。种公羊在配种前3周开始进行采精训练。第1周隔2天采精1次，第2周隔天采精1次，第3周每天采精1次，以提高公羊的性欲和精液品质，并注意检查精液品质，以确定各公羊的采精利用强度。

配种期为1~1.5个月，因为公羊一次射精需蛋白质25~27克，一般成年公羊每天采精2~3次，多者达5~6次，需消耗大量营养物质和体力，所以种公羊的饲料要多样化。

配种期的日粮大致为：混合精料1~1.5千克，苜蓿干草或青干草2千克，胡萝卜0.5~1.5千克，食盐15~20克，骨粉5~10克，血粉或鱼粉5克。每天精料的喂量应根据种羊的体重、体况和精液品质酌情增减。每天采精前应运动1~2小时。

配后复壮期是指配种结束后的1~1.5个月，这时的种公羊以恢复体力和增膘复壮为目的。开始时，精料的喂量不减，增加放牧或运动时间，经过一段时间后再适量减少精料，逐渐过渡到非配种期的营养水平，使其迅速恢复体况。

4. 提高种公羊利用效率的方法

（1）非配种期的种公羊最好统一集中饲养，到配种期再分散到各场点使用，以利于相互调剂。

（2）日粮中钙、磷比不应低于2.25∶1，因为谷物中含磷量高，如不注意钙的补充而导致钙、磷比例失调时，公羊易患尿结石症。

（3）种公羊每天放牧或运动时间约6小时，放牧时要公母分开，切忌公母混群放牧，造成早配和乱配。特别是舍饲条件下，要保证公羊有良好的体况，防止发胖。

（4）应控制公羊每天配种和采精次数。一般1只公羊即可承担30~50只母羊的配种任务。本交（即自然交配）的公、母羊应白天分开，早晚混群，以保证公羊有持久的配种能力和旺盛的性欲。

种公羊具体采精次数应根据羊的生长日龄、体质状况、种用价值等来判定。1.5岁左右的种公羊每天采精不宜超过2次，也不能连续采精；2.5岁以上种公羊每天可采精3~4次，有时可采5~6次；采精次数多时，每次相隔时间在 2 小时以上。特殊情况下，配种公羊数量较少，发情母羊数量较多，成年种公羊可安排连续采精 2~3 次。总的来说，采精不能太频繁。而在高频采精节奏下，至少要保证种公羊每周有 1~2 天的休息，避免过度劳累、消耗养分而造成种公羊早衰。

（5）要控制配种期，不要过长或过晚，尽量安排集中配种和集中产羔，以利于公羊健康和提高羔羊的成活率。

（6）种公羊舍应建在通风、干燥、向阳处，每只公羊的占用面积在 2 米² 以上。夏季高温高湿会严重影响种公羊的精液品质，应该将其安排在高燥、凉爽的牧场，尽可能地利用早晚时间进行放牧，中午赶回休息。种公羊的圈舍必须确保通风良好，最好修成带漏缝地板的双层式楼圈，也可在圈舍内铺设羊床。

二、繁殖母羊的饲养管理

繁殖母羊在一年中可分为空怀期、妊娠期、哺乳期 3 个生理阶段，为保证母羊正常生产力的发挥和顺利完成配种、妊娠、哺乳等各项繁殖任务，应根据母羊不同生理时期的特点，采取相应的饲养管理措施。

1. 空怀期

母羊在完成哺乳后到配种受胎前的时期称空怀期，约 3 个月。此时正是青草季节，牧草生长茂盛、营养丰富，而母羊自身对营养需求相对较少，可完全放牧。只要抓住膘，就能按时发情配种。如有条件可酌情补饲。据研究，在配种前 1~1.5 个月，对母羊加强放牧，突击抓膘，甚至在配前 15~20 天实行短期优饲，则母羊能够发情整齐，多排卵，提高受胎率和产羔率。

其具体的饲养管理措施与羊的夏季放牧管理基本相同。

2. 妊娠期

妊娠期可分为妊娠前期（前 3 个月）和妊娠后期（后 2 个月）。

（1）饲养。妊娠前期胎儿小，增重慢，营养需求较少。通常秋季配种后牧草处于青草期或已结籽，营养丰富，可完全放牧；但如果配种季节较晚，牧草已枯黄，放牧不能吃饱时就应补饲，日粮组成一般为：苜蓿50%、青干草30%、青贮饲料15%、精料5%。

妊娠后期胎儿大，增重快（据测定，羔羊出生重的80%~90%在此期内完成），营养需求较多，又处在枯草季节，仅靠放牧不能满足营养需求。母羊的营养要全价，若营养不足，则羔羊体小毛少，抵抗力弱，容易死亡；母羊分娩衰竭，泌乳减少。但并非营养越多越好，若母羊过肥，则容易出现食欲不振，反而使胎儿营养不良。因此，在妊娠的最后5~6周，怀单羔的母羊可在维持饲养基础上增加12%，怀双羔母羊则增加25%。日粮组成为：混合精料0.45千克，优质干草1~1.5千克，青贮饲料1.5千克。精料比例在产前6~3周增至18%~30%。

在母羊体质健壮、发育良好的情况下，产前1周要逐渐减少精料，产后1周要逐渐增加精料，以防因产奶量多、羔羊小、需奶量少而导致乳房炎，尤其是蛋白质饲料，要保证母羊旺盛的食欲。

（2）管理。①在放牧饲养为主的羊群中，妊娠后期冬季放牧每天6小时，放牧距离不少于8千米；但临产前7~8天不要到远处放牧，以免产羔时来不及回羊圈。②出入圈、放牧、饮水时要慢、要稳，防止滑跌，防止拥挤，并在地势平坦的地方放牧。③严防急追暗打，突然惊吓，以免流产。④严防孕羊腹泻：青饲料含水分过多或采食带露水的青草，常会引起孕羊腹泻、使肠蠕动增强，极易导致孕羊流产，应注意青、干搭配（发现孕羊腹泻，可用炒高粱面拌在草中饲喂，每次250克，两次即可见效）。⑤患病的孕羊要严禁打针驱虫。⑥避免孕羊吃霜草、霉变料和饮用冰碴水。俗话说"有露晚出牧，冰草易打羔"，就是这个道理。⑦母羊妊娠后期，尤其分娩前管理要特别精心。母羊胶窝下陷，腹围下垂，乳房肿大，阴门肿大，流出黏液，常独卧墙角，排尿频繁，举动不安，时起时卧，不停地回头望腹，发出鸣叫等，都是母羊临产前的表现。对羊舍和分娩栏进行一次大扫除、大消毒，修好门窗，堵好风洞，备足褥草等，通知有关人员做好分娩前的准备工作。

3. 哺乳期

哺乳期的长短取决于育肥方案的要求，一般为 3~4 个月。

（1）饲养。由于羔羊生后 2 个月内的营养主要靠母乳，故母羊的营养水平应以保证泌乳量多为前提。哺乳母羊的营养水平可按其泌乳量来定，通常每千克鲜奶可使羔羊增重 176 克，而肉用羔羊一般日增重 250 克，故日需鲜奶 1.42 千克。再按每产 1 千克鲜奶需风干饲料 0.6 千克计算，则哺乳母羊每天需风干饲料 0.85 千克，即 93.39 克蛋白质，3.4 克磷和 5.09 克钙。据研究，哺乳母羊产后 25 天喂给高于饲养标准 10%~15% 的日粮，羔羊日增重可达 300 克。

此外，哺乳母羊的营养还应考虑哺乳羔羊的数量。一般补饲情况为：精料：0.5 千克（产单羔者）、0.7 千克（产双羔者），哺乳中期以后减至 0.5~0.3 千克。

青干草：产单羔母羊日补饲苜蓿干草和野干草各 0.5 千克，产双羔母羊日补饲苜蓿干草 1 千克。

多汁料：均补饲 1.5 千克。

当羔羊长到 2 月龄以后，母羊的泌乳量逐渐下降，到 3 月龄时，母乳仅能满足羔羊营养需要的 5%~10%，故到哺乳后期的母羊可逐渐取消补饲，直到完全放牧。

（2）管理。对产后 3 天内的母羊，应给予易消化的优质干草，尽量不补饲精料。否则，大量喂饲浓厚的精饲料，往往会伤及肠胃，导致消化不良或发生乳房炎。以后根据母羊的肥瘦、食欲及粪便的状态等，灵活掌握精料和多汁料的喂量，一般到 10~15 天后，再按饲养标准喂给应有的日粮。要保证充足的饮水和羊舍清洁干燥。胎衣、毛团等污物要及时清除，以防羔羊吞食得病。要经常检查母羊乳房，以便及时发现奶孔闭塞、乳房炎、化脓或无奶等情况。

三、哺乳羔羊的饲养管理

羔羊的哺乳期可分为哺乳前期、哺乳中期和哺乳后期 3 个阶段。

1. 哺乳前期（出生后 20~25 日龄）

此期白天夜晚母仔共圈，应做好哺乳、早开食、早运动和早护理等工作。

（1）哺乳。早吃初乳：生后 1~3 天，要注意让羔羊吃好初乳。母羊的初乳中含有丰富的蛋白质、脂肪、抗体以及大量的维生素和镁盐，对羔羊增强体质、抵抗力和排出胎粪有很重要的作用。因此，羔羊出生后 20~30 分钟，能自行站立时，就应人工辅助其吃到初乳。但要注意：第 1 次吃奶前，一定要把母羊乳房擦洗干净，并挤掉少量乳汁后再让羔羊吃奶。此期羔羊以母乳为生。

充足的奶水可使羔羊 2 周龄体重达到其出生重的 1 倍以上。达不到这一标准者则说明母羊奶水不足，需多加精料和多汁料，促使母羊多产奶。此期宜采用羔羊跟随母羊自由哺乳的方式。

（2）早开食。出生 7~10 天的羔羊，能够舔食草料或食槽、水槽时，就应开始喂给青干草和水。故羔羊舍内应常备有青干草、粉碎饲料或盐砖、清洁饮水等，以诱导羔羊开食，刺激其消化器官的发育。

出生 15~20 天的羔羊随着羔羊采食能力的增强，应在第 15 天就开始补饲混合精料，方法以隔栏补饲最好，其喂量应随日龄而调整。一般来讲，15 天的羔羊日喂量为 50~75 克，30~60 日龄达到 100 克，60~90 日龄达到 200 克，90~120 日龄达到 250 克。

（3）早运动。出生 10 日龄左右的羔羊，可在晴朗温和的天气里放入运动场让其自由活动，增强体质，出生 20 日龄的羔羊可在附近草场上自由放牧。

（4）加强护理。初生羔羊体温调节机能不完善，血液中缺少免疫抗体，肠道适应性差，抗病或抗寒能力差，故出生 1 周内死亡较多。据研究，7 天之内死亡的羔羊占全部死亡数的 85% 以上，危害较大的疾病是"三炎一痢"（即肺炎、肠胃炎、脐带炎和羔羊痢疾）。要加强护理，搞好棚圈卫生，避免贼风侵入，保证吃奶时间均匀，以提高羔羊成活率。据李志农（1993）总结，羔羊时期坚持做到"三早"（即早喂初乳、早开食和早断奶）、"三查"（即查食欲、查精神和查粪便），可有效地提高羔羊成活率。

2. 哺乳中期（20~25 日龄到母仔合群放牧）

此期羔羊留在圈中，母羊白天出牧，中午归圈喂奶，夜晚母仔共圈。在这段时间里要抓好两点：

（1）饲料多样化。羔羊由单靠母乳供给营养改为母乳加饲料，饲料的质量和数量直接影响羔羊的生长发育，应以蛋白质多、粗纤维少、适口性好为佳。

（2）定时哺乳。母仔分群管理，定时哺乳。白天母羊出牧，羔羊留在圈内饲养，中午母羊归圈喂奶，加上早、晚各 1 次，共 3 次。

3. 哺乳后期（从母仔合群放牧到羔羊断奶）

此期白天母仔同群外出放牧，夜间共圈休息。

饲养上，羔羊采食能力增强，由中期的母乳加草料变为现在的草料加母乳。应加强补饲，以减轻羔羊对母羊的依赖，选择适当时机及时断奶，尽量减轻断奶对羔羊的应激，保证羔羊的正常生长发育。不在悬崖、沟旁放牧，以免羔羊摔下去，春季地面潮湿寒冷，注意不要让羔羊久卧，以免受凉。

4. 羔羊断奶和早期断奶技术

为了恢复母羊体况和锻炼羔羊独立生活的能力，当羔羊生长发育到一定程度时，必须断奶。

（1）断奶。断奶时间要根据羔羊的月龄、体重、补饲条件和生产需要等因素综合考虑。中国传统的羔羊断奶时间为 3~4 月龄。断奶方法多采用一次性断开，以后母仔互不见面。断奶时一般只把母羊移走，而羔羊仍留在原羊舍饲养，以尽量保持羔羊原来的环境。可以在断奶群中放入几只大羊，以引导羔羊吃草、吃料。羔羊断奶后，母羊和羔羊的圈舍及放牧地点要适当加大距离，以防相互呼叫，影响休息和采食。一般经 4~5 天，羔羊就能安心吃草。断奶后的羔羊应立即按品种、性别及发育状况分群，由此转入育成羊。断奶后，对少数乳汁分泌过多的母羊要实行人工排乳，以防引起乳房炎。

(2) 早期断奶。推行早期断奶，能显著改善母羊的营养状况，既对羔羊的发育有益处，又可提高母羊的繁殖力。

早期断奶必须使初生羔羊吃足 1~2 天的初乳，否则不易成活。因为初乳中含有大量的免疫抗体，而且营养丰富，具有任何饲料不可替代的作用。

早期断奶的时间有两种：第一，出生 1 周断奶；第二，出生后 40 天断奶。

羔羊出生后 1 周断奶，用代乳品进行人工育羔。方法是将代乳品加水 4 倍稀释，每天喂 4 次，为期 3 周，或至羔羊活重达 5 千克时断奶；断奶后再喂给含蛋白质 8% 的颗粒饲料，干草或青草食量不限。代乳品应根据羊奶的成分进行配制。目前通用的生后 1 周代乳品配方为：脂肪 30%~32%，乳蛋白 22%~24%，乳糖 22%~25%，纤维素 1%，矿物质 5%~10%，维生素和抗生素 5%。

羔羊出生 1 周断奶，除用代乳品进行人工育羔外，必须有良好的舍饲条件。羔羊出生 40 天断奶，可完全饲喂草料和放牧。一是从母羊泌乳规律看，产后 3 周达到泌乳高峰，而至 9~12 周后急剧下降。此时泌乳仅能满足羔羊营养需要的 5%~10%，并且此时母羊形成乳汁的饲料消耗大增；二是从羔羊的消化机能看，出生 7 周龄的羔羊，已能和成年羊一样有效地利用草料。所以澳大利亚、新西兰等国家大多推行 6~10 周龄断奶，并在人工草地上放牧。中国新疆畜牧科学院采用新法育肥 7.5 周龄断奶羔羊，平均日增重 280 克，料重比为 3:1，取得了较好效果。

之所以提出羔羊出生 40 天后断奶，是因为羔羊胃容量与其活重之间显著相关，因此确定断奶时间时，还要考虑羔羊体重。体重过小的羔羊断奶后，生长发育明显受阻。英、法等国多采用羔羊活重增至初生重的两倍半或羔羊达到 11~12 千克时断奶。中国有专家建议，半细毛改良羊公羔体重达 15 千克以上，母羔达 12 千克以上，山羊羔体重达 9 千克以上时断奶比较适宜。

四、育成羊的饲养管理

断奶后到初配前的羊称为育成羊。中国很多农户对育成羊的饲养重视不够，认为其不配种、不怀羔、不泌乳、没负担。因此，在冬春季节不加补饲或补饲不够，部分饲养场把大母羊吃剩下的草料喂给育成羊，随意饲喂，使育成羊出现不同程度的发育受阻。

育成羊从消化机能不健全发育到健全和完善，生长发育达到性成熟，再到体成熟。羊的性成熟年龄在 4~10 月龄，有第 1 次发情症状和排卵，体重是成年羊的 40%~60%。此时，生长发育尚未完全，不适宜配种；羊的体成熟是指性成熟后继续发育到体重为成年羊的 80%时。育成期有两个显著特点，即断奶造成的应激和生长快速而相对营养不足。在整个育成阶段，羊只生长发育较快，营养物质需要量大，如果营养不良，就会显著影响生长发育，从而造成个头小、体重轻、四肢高、胸窄、躯干偏小。同时，还会使体质变弱、被毛稀疏、性成熟和体成熟推迟、不能按时配种，影响生产性能，甚至失去种用价值。可以说，育成羊是羊群的未来，其培育质量如何，是羊群面貌能否尽快转变的关键。

（1）饲养。羔羊断奶前后适当补饲，可避免断奶应激，并对以后的育肥增重有益。因此，断奶初期最好早晚两次补饲，并在水、草条件好的地方放牧。秋季应狠抓秋膘。越冬时应以舍饲为主、放牧为辅，每天每只羊应补给混合精料 0.2~0.5 千克。育成公羊由于生长速度比母羊快，所以其饲料定额应高于母羊。

优质青干草和充足的运动是培育育成羊的关键。充足而优质的干草有利于消化器官的发育，培育成的羊骨架大、采食量大、消化力强、活重大；若料多而运动不足，培育成的育成羊个子小、体短肉厚、种用年限短。尤其是育成公羊，运动更重要，每天运动时间应在 2 小时以上。

（2）管理。断奶后，应按性别、大小、强弱分群。先把弱羊分离出来，尽早补充富含营养、易于消化的饲料饲草，并随时注意大群中体况跟不上的羊只，及早隔离出来，给予特殊的照顾。根据增重情况，调整饲养方案。

第1年入冬前，对育成羊群集体驱虫1次。同时，防止羔羊肺炎、大肠杆菌病、羔羊肠痉挛和肠毒血症等发生。

（3）适时配种。一般育成母羊在8~10月龄，体重达到40千克或达到成年体重的65%以上时配种，育成羊的发情不如成年母羊明显和规律，因此要加强发情鉴定，以免漏配。育成公羊须在12月龄以后，体重达70千克以上再参加配种。

育成羊的发育状况可用预期增重来评价，故按月固定抽测体重是必要的。要注意称重应在早晨未饲喂前或出牧前进行。

第二节　肉羊育肥技术

一、育肥前的准备

1. 羊只准备

（1）健康检查。计划投入育肥的羊，事前一律经过健康检查，无病羊方可进行育肥。收购来的羊，到达当天，不宜喂料，只饮水，或给少量的干草，在避阴处休息，避免惊扰。育肥开始前2周，要勤观察，每天巡视2~3次，挑出伤病羊，进行个别处理。

（2）分群。育肥羊应分类组群，羊肉分羔羊肉和大羊肉两大类，育肥羊也有羔羊和大羊之分。在这两类羊中，除了年龄不同之外，还有性别和品种差别，并且新陈代谢和饲料采食、消化、吸收和转化的机能均有不同。为使各类羊的育肥均能获得最好的效果和最高的效益，在羊投入育肥之前，应先将其按年龄和性别分开组群，如果品种性能差别较大，还应把不同品种的羊分开。针对各组羊的体况和健康状况，分别制订相应的育肥方案。

（3）称重。羊进行育肥前需称重，以便与育肥结束时的称重结合起来，检验育肥效果和进行经济效益分析。

（4）去势。早熟品种 8 月龄、晚熟品种 10 月龄以上的公羊和大公羊，在投入育肥前还要去势，使羊肉不产生膻味和有利于育肥。但是，8~10 月龄以下的公羔不必去势，因为不去势的公羔在断奶前的平均日增重比阉羔高 18.6 克；在断奶至 160 日龄左右出栏的平均日增重比阉羔高 77.18 克。而且，从育肥羔羊达到上市标准的平均日龄来看，不去势公羔比阉羔少 15 天，但平均出栏体重反而比阉羔高 2.27 千克，羊肉的味道却没有差别，显然不去势公羔育肥比阉羔更为有利。

（5）剪毛。当年出生并当年育肥宰杀的肉毛兼用品种羔羊，在宰杀前 60~90 天，或周岁以上的羊，在进入短期育肥前 60~90 天，均可进行一次剪毛，既有利于羊只采食抓膘，又可增加羊毛收入，同时也不影响宰杀后对毛皮的利用，从而增加经济收入。

此外，还应进行驱虫、药浴、防疫注射和修蹄，以确保育肥工作顺利进行。

2. 圈舍准备

（1）消毒。入场门口消毒池要经常更换消毒药，保持有效浓度。羊粪应集中处理，可在其中掺入消毒液，也可以采用疏松堆积发酵法，高温杀灭病菌和虫卵。常用消毒药物有 2%~5% 的火碱溶液、10% 的百毒杀（癸甲溴氨）。羊舍内外每天清扫 1 次，保持环境卫生。

每天早晨饲喂后，将圈舍内粪便清扫干净，保持圈舍周围及运动场环境清洁。场地、用具等要坚持每周消毒 1 次，交叉使用 2 种或 2 种以上的消毒药，如 2%~5% 的火碱溶液、3% 的福尔马林溶液、10% 的百毒杀溶液等。尽量做到羊栏净、羊体净、食槽净、用具净。

（2）卫生。常年保持羊舍内外的环境清洁，及时清理粪便等污物，降低污物发酵和腐败产生的有害气体，如氨气、二氧化碳等的含量。据统计，1 只大羊 1 天排粪尿 2.7 千克，1 只羔羊排粪尿 1.8 千克，因而需勤打扫圈舍，保持清洁卫生。羊进圈后应保持一定的活动和歇息面积，羔羊每只按 0.75~0.95 米^2；大羊按 1.1~1.5 米^2 计算。保持圈舍地面干燥，通风良好和良好的卫生环境对肉羊增重很有利。

（3）隔栏补饲。自繁自养的羔羊，最好在出生后 15~20 日龄开始进行隔栏补饲，这对于提高日后育肥效果，缩短育肥期限有明显的作用。

3. 草料及饮水准备

（1）储备充足的饲草、饲料。养羊业的发展要有充足的饲草、饲料，这是保证肉羊生产能够稳定发展的物质基础。对天然草场进行保护、合理利用和改良，种植或补播优良牧草，并建立人工饲草、饲料基地，用于冬春补饲。农区应充分开发利用农作物秸秆和农副产品，通过氨化、青贮和粉碎等加工措施提高粗饲料的利用率。同时，应发展饲料加工企业，为肉羊育肥提供配合饲料。

确保整个育肥期羊只草料供应不中断，同时也不轻易更换饲草和饲料。肉羊育肥期间每天每只需要的饲料量见表 4-1，供参考。

表 4-1　肉羊育肥期间每天每只需要饲料量(千克)

饲料种类	淘汰母羊	羔羊(体重 14~50 千克)
干草	1.2~1.8	0.5~1.0
玉米青贮	3.2~4.1	1.8~2.7
谷类饲料	0.34	0.45~1.4

（2）保证饲料品质。肉羊育肥必须保证饲料品质，不喂潮湿、发霉、变质饲料。饲喂时避免羊只拥挤、争食，大羊每只应占饲槽长度 40~50 厘米，羔羊 23~30 厘米。饲喂后应注意肉羊的采食情况，投料量不宜过多，以吃完为好。育肥期间应避免过快地变换饲料类型或日粮配方。更换饲料时，应新旧搭配，逐渐加大新饲料的比例，3~5 天全部换完。

（3）防止尿结石。在以谷物饲料和棉籽饼为主的日粮中，可将钙含量提高到 0.5% 的水平，或加入 0.25% 的氯化钙，避免日粮中钙磷比例失调。

（4）注意饮水卫生。育肥羊只必须保证有足够的清洁饮水。气温在 15℃时，羊只饮水量 1~1.5 升/天；15℃~20℃时，饮水量 1.5~2 升/天；25℃以上，饮水量接近 3 升/天。冬季不宜饮用雪水或冰碴水。

（5）合理使用添加剂。在肉羊育肥中使用无公害食品生产中允许使用的饲料添加剂，可以起到事半功倍的效果。

①非蛋白氮。尿素是一种常用的非蛋白氮添加剂，一般羊的饲喂量为每千克体重 0.1~0.3 克。其他非蛋白氮还有磷酸脲、缩二脲等。使用尿素等非蛋白氮添加剂饲喂肉羊时，要严格注意与其他饲料混合均匀，并要严格掌握限量和用法，以免引起中毒。

②矿物质、微量元素添加剂。该添加剂适用于生长期和育肥期间饲喂，用量为每天每只羊 10~15 克，混入饲料中饲喂。

③莫能菌素钠。又名瘤胃素、莫能菌素，是链霉菌发酵产生的抗生素。其功能是控制和提高瘤胃发酵效率，从而提高增重速度和饲料转化率。莫能菌素钠的添加量为每千克日粮干物质添加 25~30 毫克，均匀混配在饲料中。注意，刚开始饲喂时饲喂量要低些，以后逐渐增加。

④抗菌促生长剂。该添加剂主要是抑菌促进生长，对所有畜禽都具有促进生长的作用，有利于养分在肠道内的消化吸收，改善和提高饲料的有效利用率，提高增重速度。该添加剂常用的剂型有奎乙醇、杆菌肽锌等。羔羊用量为每千克日粮中添加奎乙醇 50~80 毫克，杆菌肽锌 10~20 毫克。注意要均匀混配在饲料中饲喂。

⑤缓冲剂。常用的缓冲剂有碳酸氢钠和氧化镁。使用这两种缓冲剂后可增强菌蛋白酶在瘤胃中的合成，减缓饲料营养成分的降解速度，增加羊的食欲，提高饲料的消化率。值得注意的是，使用缓冲剂应逐渐进行，均匀混配在饲料中饲喂。碳酸氢钠和氧化镁的用量分别为混合精饲料的 1.5%~2.0% 和 0.75%~1.0%，二者联用时，其比例为 (2~3):1。

4. 其他准备

（1）技术培训。对饲养管理人员要进行肉羊育肥相关技术培训，使其改变传统养羊观念，接受肉羊育肥方案。

（2）防疫注射。育肥羊场按规定进行防疫注射（表 4-2），能够有效防止育肥期间发生传染性疾病，防疫注射时应注意：

强调免疫接种程序、方法、注意事项；按程序定期免疫；疫苗来源要可靠，保管使用按规定；预防只接种健康羊只并注意间隔期；注射器和针头要严格消毒，一羊一针头；仔细阅读疫苗说明书，按规定保管使用疫苗。

表4-2　绵、山羊的免疫程序

疫苗种类	预防疫病	接种方法及部位	免疫期　免疫力
羊三联四防疫苗	羊快疫、羊肠毒血症、羊猝狙、羔羊痢疾	成年羊和羔羊一律颈侧或肌内注射1毫升	半年 14天产生免疫力
山羊传染性胸膜肺炎氢氧化铝苗	山羊传染性胸膜肺炎	颈侧皮下注射。6月龄以下3毫升；6月龄以上5毫升	半年 14天产生免疫力
羊痘鸡胚化弱毒苗	羊痘	冻干苗按说明皮下注射0.5毫升	1年 6天产生免疫力
口蹄疫疫苗	口蹄疫	按说明注射	半年 14天产生免疫力

（3）常见病的治疗。羊感冒多发于早春和初秋，该病以体温升高、精神萎靡，突然不食为主要特征。治疗方法为，用青霉素每千克体重4万单位，安痛定每千克体重0.4毫升，皮下注射，1天2次，连用3天。

肺炎以流涕、咳嗽、体温升高为主要特征。治疗方法为，用链霉素每千克体重8万单位，青霉素每千克体重8万单位，安痛定每千克体重0.4毫升，皮下注射。1天2次，连用3~4次。

腹泻的治疗方法为，庆大霉素每千克体重1.6万单位，皮下注射，1天2次，连用3天。对失水严重、精神沉郁的羊应尽快静脉补液，用5%葡萄糖生理盐水100~150毫升，缓慢输入。

胎衣不下是指产后经2~3天未排出胎衣或者只排出一部分。治疗方法为，肌肉注射催产素10~20国际单位，隔1小时再重复注射。10分钟后，用镊子镊着胎衣轻轻拉拽，胎衣即可脱下。

二、育肥方法

肉羊育肥方式可依据当地自然资源、肉羊的品种特点、生产技术水平、养羊设施及自然生态条件综合考虑。目前，肉羊育肥方式主要有放牧育肥、舍饲育肥和混合育肥3种。至于采取什么方式来实施育肥，就要看在什么季节和用什么羊来育肥才能决定。

1. 放牧育肥

放牧育肥就是在整个育肥期内，完全依靠放牧吃草达到出栏要求的育肥方式，是草地畜牧业的一种基本育肥方式。好处在于：一是充分利用天然草场、荒山荒坡，能较好地满足营养需要；二是利用羊的合群性和采食习性组群放牧，可以大大节省饲料和管理费用，降低生产成本；三是加强羊只运动，增强羊只体质，有利于羊的健康和保健。在饲草资源丰富的草原、山区、半山区、丘陵地带，提倡夏秋季放牧抓膘，当年羔羊或淘汰母羊于入冬前上市屠宰。

放牧育肥的缺点在于：一是只能在青草期进行，北方省份一般为5月中、下旬至10月中旬期间；二是放牧育肥要求必须有较好的草场，如果草场不好，就不可能完全依靠放牧来育肥；三是羊肉味不如其他育肥方式好，且常常要遇到气候和草场等多种不稳定因素变化的干扰和影响，造成育肥效果不稳定和不理想；四是育肥期长，羔羊一般需要连续放牧80~100天，才能达到上市标准，放牧育肥羊一定要保证每只羊每天采食的青草量，一般羔羊每天可达4~5千克，大羊每天7~8千克。

2. 舍饲育肥

舍饲育肥就是根据羊育肥前的状态，按照饲养标准和饲料营养价值配制全价配合饲料，并完全在羊舍内进行饲养管理的一种育肥方式。舍饲育肥适合于饲料资源丰富的农区使用，虽然饲料的投入相对较高，但可按照市场的需要实行大规模、集约化、工厂化的养羊。房舍、设备和劳动力利用合理，劳动生产效率较高，从而也能降低一定成本。而且育肥期间羊的增重较快，出栏育肥羊的体重较放牧育肥和混合育肥羊高10%~20%，屠宰后胴体重比放牧育肥和混合育肥羊高20%。

传统的舍饲育肥主要是为了调节市场需求和充分利用各种农产品加工的副产品。育肥时间通常是60~70天，一般羊只增重10~15千克。现代舍饲育肥主要用于肥羔生产，人工控制羊舍小气候，利用全价饲料，让羊自由采食、饮水。另外，在市场需要的情况下，可确保育肥羊在30~60天的育肥期内迅速达到上市标准，育肥期均比混合育肥和放牧育肥短。因此，国外一些生产肥羔肉的国家，都采用大规模的舍饲育肥，走专业化、集约化的道路。舍饲育肥羊应以羔羊为主。放牧羊群在雨季到来，或干旱牧草生长不良时，就应以舍饲为主。此外，当年羔羊放牧育肥时，估计入冬前达不到上市标准的羔羊，也可以提前转入舍饲育肥。

放牧羊群改为舍饲育肥，一开始要有一个适应期，一般为10~15天。先饲喂以优质干草为主的日粮，逐渐加入精料，等羊只适应新的饲养方式后，改为育肥日粮。

舍饲育肥的日粮，以混合精料的含量为45%、粗料和其他饲料的含量为55%的配比较为合适。如果要求育肥强度还要加大的话，混合精料的含量可增加到60%（但绝对不应超过60%）。不过，此时一定要注意防止因此引发的肠毒血症，以及因钙、磷比例失调而引发的尿结石症。

舍饲育肥日粮可利用草架和料槽分别给予的方式饲喂；最好能将草、料配合在一起，加工成颗粒饲料，用饲槽饲喂。颗粒饲料用于羔羊育肥，日增重可以提高25%，同时可以减少饲料的抛撒浪费。颗粒饲料中的粗饲料比例，羔羊料不超过20%，大羊料可以增加到60%。颗粒大小，羔羊料为1~1.3厘米，大羊料为1.8~2厘米。需注意的是颗粒饲料由于制作原料粉碎较细，育肥羊进食后的反刍次数有所减少，羔羊可能出现吃垫草或啃木头等现象，最好在羔羊圈设有草架。

舍饲育肥，圈舍要保持地面干燥，通风良好，夏季挡强光，冬季避风雪，要卫生，保持安静，为育肥创造良好的生活环境。

3. 混合育肥

混合育肥是放牧与补饲相结合的育肥方式。这是一种既能利用夏季牧草生长茂盛进行放牧育肥，又可利用各种农副产品及少许精料进行补饲或后期催肥的育肥方式。

混合育肥大体有两种形式，一种形式是在整个育肥期内，天天放牧并补饲一定数量的混合精料和其他饲料，以确保育肥羊的营养需要，这种方式与全舍饲育肥的方法一样，同样可以按要求实现强度直线育肥，适用于生长强度较大和增重速度较快的羔羊；另一种形式则是把整个育肥期分为2~3期，前期在牧草茂盛季节完全放牧，中、后期按照从少到多的原则，逐渐增加补饲混合精料和其他饲料来育肥羊。开始补饲育肥羊的混合精料的数量为200~300克，最后1个月要增至400~500克。此种方式的育肥速度相对较慢，育肥期相对延长，适用于生长强度较小及增重速度较慢的羔羊和1岁羊。

混合育肥可使育肥羊在整个育肥期内的增重比单纯依靠放牧育肥羊提高50%左右。同时，屠宰后羊肉的味道也较好。因此，只要有一定条件，还是采用混合育肥的方法。

三、羔羊育肥技术

出生后不满1岁，完全是乳齿的羊称为羔羊。其中，4~6月龄体重达36~40千克时屠宰的羊称为肥羔。羔羊肉，尤其是肥羔肉是现代羊肉生产的主流。

近年来，许多养羊业发达的国家都在繁育早熟肉用品种的基础上进行肥羔的专门化生产，肥羔生产迅速发展，羔羊肉产量不断上升。如新西兰羔羊肉占羊肉产量的69.3%，平均出口羔羊胴体重13.3千克。美国每年上市的羊肉中，当年羔羊肉和肥羔肉占94%。

1. 肥羔生产的优点

（1）羔羊生长快，饲料转化率高，成本低，收益高。在国际市场上，羔羊肉价格一般比成年羊肉高1/3~2/3，甚至1倍。

（2）羔羊育肥提高了出栏率及出肉率，缩短了生长周期，加快了羊群周转，提高了经济效益。同时，减少了羊只越冬、度春的人力以及饲草和饲料的消耗，避免了羊只冬季掉膘甚至死亡等损失，当年就能获得较大的经济效益。

（3）羔羊肉质具有鲜嫩、多汁、精肉多、脂肪少、味道美、易消化及膻味轻等优点,受到消费者欢迎,市场价格明显提高。

(4)羔羊肥育的皮张质量比老年羊皮张质量好,是生产优质皮革制品的原料。

(5)由于不养或少养羯羊,压缩了羯羊的饲养量,从而改变了羊群结构,大幅度增加了母羊比例,有利于扩大再生产,可获得更高的经济效益。

2. 肥羔生产技术

对广大中小型育肥羊场来说,进行羔羊育肥,生产羔羊肉尤其是肥羔肉,应着重采取以下生产技术。

(1)引进早熟、多胎肉羊品种,作为经济杂交的父本品种,要建立稳定的肉羊品种繁育体系,保证肥羔生产的品种源头。

(2)采用经济杂交,利用杂种优势,这是肥羔生产的基本途径和有效措施。杂种优势表现在羔羊体重大,生长快,饲料转化率高,成活率高,产肉多,成本低,经济效益高。以当地普通山羊为母本,波尔山羊为父本;或以当地普通绵羊为母本,无角陶赛特羊、杜泊羊、德克赛尔羊、萨福克羊或夏洛来羊等为父本。这样培育的商品肉羊既保留了本地羊粗放、适应性强的特点,又有外来优良品种生长速度快、产肉多、肉质好的优点。

开展杂交一代化,进行杂交一代羔羊育肥,是当前肉羊生产实现优质、高产、高效的一项有效措施。研究表明:在相同的饲养条件下,杂种羊比纯种羊的生长速度要快 25% 左右。

(3)实施早期配种,早期断奶。在中国目前的生产水平下,供舍饲肥羔生产用的羔羊可以在 60 日龄断奶,如果补饲条件好,也可以在 42 日龄以后断奶。早熟肉用品种母羊可以在 8 月龄配种,羔羊可以在 8 周龄断奶,转入育肥,4~6 月龄体重达 36~40 千克时出栏上市。做到周转快,商品率高,收益多。

3. 确定育肥期和育肥强度

在正常条件下,早熟肉用(或肉毛兼用)羔羊,在周岁以内,每个月龄的平均日增重一般以 2~3 月龄最高,可达 300~400 克,1 月龄次之,4

月龄急剧下降，5 月龄以后的平均日增重一般维持在 130~150 克。对这样的羔羊，从 2~4 月龄开始，如果能进行高强度育肥，那么在 50 天左右的育肥期内的平均日增重，定可达到或超过原有水平。这样，这些羔羊在长到 4~6 月龄时，体重可达成年体重的 50% 以上，胴体重达 17~22 千克，屠宰率达 50% 以上，胴体净肉率达 80% 以上，从而达到上市的屠宰标准。因此，2~4 月龄的羔羊，凡平均日增重达 200 克以上者，均可转入育肥。育肥方式可采用放牧加补饲或全舍饲方式，经过 50 天左右的高强度育肥，使羔羊达到上市肥羔的标准。但平均日增重低于 180 克的羔羊，就必须等羔羊体重达到 25 千克以上，或至少达到 20 千克以上时，才能转入育肥，而且育肥期较长（一般为 3 个月左右）。前期的育肥强度不宜过大，要等羔羊体重达 30 千克以上后，才能进行高强度育肥，使其在 40~60 天就能达到上市的屠宰标准。否则，羔羊体重达不到一定程度，却过早地进行高强度育肥，常会造成羔羊肥度已够标准，而体重距出栏要求却相差甚远。

4. 确定羔羊育肥饲料配方及混合精料喂量

6 月龄前可达上市标准的羔羊，适合采用能量较高和喂量较大的混合精料进行高强度育肥。其配方为 75% 的玉米、15%~20% 的豆饼、8.5%~3.5% 的苜蓿草粉和尿素等蛋白质平衡剂，以及 1.5% 的食盐混合矿物质和适量促生长剂。其饲喂量为羔羊体重在 30 千克以前，每只羊每天饲喂 0.35~0.55 千克；达 30 千克以后，每只羊每天饲喂 0.6~0.8 千克。具体每天饲喂量，要遵循每天给料 1~2 次、每次以羊在 40 分钟内吃干净为准，以及由少到多，逐渐加量的原则。

6 月龄前很难达到上市标准的羔羊，需等体重到 25~30 千克以上后，方能转入高强度的育肥。混合精料饲喂量前期控制在 0.2~0.4 千克为宜，等到最后的 50 天左右，才能加到 0.6 千克或更多。美国推荐的羔羊育肥日粮配方见表 4-3、表 4-4。

表 4-3 6 月龄内育肥羔羊的补料日粮

日粮类别饲料	日粮 1	日粮 2	日粮 3	日粮 4
苜蓿干草	自由采食	65%	30%	
黄玉米	58.5%	12%		84%
玉米(果穗)			55.0%	
燕麦(或大麦)	20%	9.0%		
小麦麸	10%			
豆饼	10%			
糖蜜		3.0%	5.0%	
石灰石粉	1.0%			1.0%
磷酸钠		1.0%		
微量元素、食盐	0.5%			
抗生素		15~26 毫克/千克	15~26 毫克/千克	
维生素 A 添加剂		550 国标单位/千克		
维生素 D 添加剂		55 国标单位/千克		

表 4-4 体重 30 千克以上育肥羔羊的日粮

	日粮类型	喂量（千克/天）		日粮类型	喂量（千克/天）
1	豆科干草 谷物	0.57~0.79 0.57~0.79	4	豆科干草 玉米青贮 谷物 蛋白质补充料	0.34~0.45 0.68~1.14 0.57~0.79 0.05
2	优质禾本科豆料混合干草 谷物 蛋白质补充料	0.57~0.79 0.57~0.79 0.05~0.09	5	玉米青贮 谷物 蛋白质补充料	1.25~2.04 0.57~0.79 0.09~0.14
3	豆科干草 玉米青贮 蛋白质补充料	0.59~0.79 1.70~2.38 0.07~0.09	6	豆科干草 谷物 湿甜菜渣	0.68~1.14 0.34 0.91~1.36

四、成年羊育肥技术

用于育肥的淘汰羊、老残羊均为成年羊，这类羊一般年龄较大，产肉率低、肉质差。经过育肥，肌肉之间脂肪量增加，皮下脂肪量增多，肉质变嫩，风味也有所改善，经济价值大大提高。

1. 成年羊育肥的原理

进入成年期的羊是机能活动最旺、生产性能最高的时期，能量代谢水平稳定，虽然绝对增重达到高峰，但在饲料丰富的条件下，仍能迅速沉积脂肪。可利用成年母羊补偿生长的特点，采取相应的育肥措施，使其在短期内达到一定体重而屠宰上市。实践证明：补偿生长现象是由于羊在某些时期或某一生长发育阶段饲草饲料摄入不足而造成的，若此后恢复较高的饲养水平，羊只便有较高的生长速度，直至达到正常体重或良好膘情。成年母羊的营养受阻可能来自两种状况：一是繁殖过程中的妊娠期和哺乳期，此时因特殊的生理需要，即便在正常的饲喂水平时，母羊也会动用一定的体内贮备（母体效应）。二是季节性的冬瘦和春乏，由于受季节性的气候、牧草供应等影响，冬春季节的羊只常出现饲草饲料摄入不足的情况。

2. 成年羊育肥饲养管理要点

（1）选羊与分群。要选择膘情中等、身体健康、牙齿好的羊只育肥，淘汰膘情很好和极差的羊。挑选出来的羊应按体重大小和体质状况分群，一般把相近情况的羊放在同一群育肥，避免因强弱争食造成较大的个体差异。

（2）入圈前的准备。在圈内设置足够的水槽料槽，并对羊舍及运动场进行清洁与消毒。在羊舍的进出口处设消毒池，放置浸有消毒液的麻片，同时用2%~4%的氢氧化钠溶液喷洒消毒。运动场在清扫干净后，用3%的漂白粉、生石灰或5%氢氧化钠水溶液喷洒消毒。羊舍清扫后用10%~20%石灰乳或10%漂白粉、3%来苏儿、5%热草木灰、1%石炭酸水溶液喷洒。

注射肠毒血症三联苗和驱虫。根据羊寄生虫的流行情况选择驱虫药物。一般常用的驱虫药有（每千克体重的口服剂量）：丙硫咪唑 15~20 毫克；左旋咪唑 8 毫克；灭虫丁 0.2 毫升。其中，丙硫咪唑具有高效、低毒和广谱的特点，对羊的肝片吸虫、肺线虫、消化道线虫、绦虫等均有效，可同时驱除混合感染的寄生虫，是较为理想的驱虫药。使用驱虫药时，要求剂量准确，一般先进行小群试验，有经验后再进行全群驱虫。

（3）饲喂技术。选择最优配方配制日粮，选好日粮配方后严格按比例称量配制日粮。为提高育肥效益，应充分利用天然牧草、秸秆、树叶、农副产品及各种下脚料，扩大饲料来源。合理利用尿素及各种添加剂（如育肥素、喹乙醇、玉米赤霉醇等）。

成年羊只日粮日喂量依配方不同而不同，一般为 2.5~2.7 千克，每天投料 2 次，日喂量的分配与调整以饲槽内基本不剩为标准。喂颗粒饲料时，最好采用自动饲槽投料，雨天不宜在敞圈饲喂，午后应适当喂些青干草（每只 0.25 千克），以利于成年羊反刍。

在肉羊育肥的生产实践中，各地应根据当地的自然条件、饲草料资源、肉羊品种状况及人力物力状况，选择适宜的育肥模式进行羊肉的生产，达到以较少的投入，换取更多肉产品的目的。

第五章　羊常见传染病防治

第一节　口蹄疫

　　羊口蹄疫是由口蹄疫病毒引起偶蹄兽的急性、热性、高度接触性的传染病。本病的特征是口腔黏膜、蹄部及乳房皮肤形成水泡和溃烂。

一、病原

　　口蹄疫病毒属于 RNA 病毒科口蹄疫病毒属，病毒由 7 个主型 65 个亚型，即 A、O、C、SATI、SAT Ⅱ、SAT Ⅲ、AsiaI。各型之间无交叉免疫性，同一主型不同亚型之间有一定的交叉免疫性。病毒在试验和流行过程中都可能引起变异，流行初期和流行末期的病毒毒型可能不同。实践中疫苗的毒型与流行毒型不同时，不能产生预期的防疫效果。

　　本病毒的致病能力和对外界环境的抵抗能力都很强，自然情况下被污染的饲料、土壤和皮毛传染性可保持数周至数月。但对紫外线、热、酸和碱等敏感。直射阳光 60 分钟，煮沸 3 分钟，0.2%~0.5%过氧乙酸、2%~4%氢氧化钠、1%~2%甲醛溶液能在短时间内杀死病毒。

二、流行病学

患病动物和带毒动物是主要的传染源。

患病动物通过水疱皮、水疱液以及发热期的奶、眼泪、口涎、尿、粪便等向外排毒。本病主要经呼吸道、消化道、损伤的皮肤黏膜而感染。运输工具、饲管工具、饲料、饮水、垫草、饲养管理人员以及犬、猫、鼠、家禽等都可为本病的传播媒介。本病传播迅速，流行猛烈，几天内即可波及全群或某一地区，发病率高，新疫区可达100%，老疫区达50%，死亡率低，一般为1%~3%。一年四季均可发生。本病常呈流行性或大流行性，有时也呈地方流行性。有一定的周期性。

三、临床症状

潜伏期平均为2~4天，短的1天，长的7天。病初病羊出现体温升高、肌肉震颤、流涎、食欲减退或废绝，反刍停止，病羊硬腭和舌面、四肢的蹄叉和趾间以及乳房等处出现水疱（图5-1）。起初水疱只有豌豆到蚕豆大，继而融合增大或连成片状，水疱中初为淡黄色透明液体，以后变混浊，破溃后，若被细菌感染，严重跛行。绵羊的蹄部变化比较明显；而山羊的口腔变化明显。成年羊病死率较低，羔羊常表现为心肌炎和肠胃炎，病死率可达25%~50%。

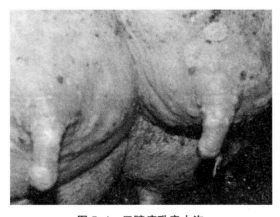

图5-1 口蹄疫乳房水泡

四、病理变化

除口腔、蹄部等处出现水疱和烂斑外，严重者咽喉、气管、支气管和前胃黏膜有时可见圆形烂斑和溃疡，真胃和肠黏膜有出血性炎症。心包膜有出血斑点，心肌松软，心肌切面有灰白色或淡黄色的斑点或条纹，称为"虎斑心"。

五、防治方法

1. 平时的预防措施

加强检疫，购入羊时，必须先检疫，购入后要隔离观察，确认健康方可混群；禁止从疫区购入羊、羊产品、饲料、生物制品等。加强饲养管理，搞好卫生，定期消毒。常发地区应定期用相应毒型的口蹄疫疫苗进行预防接种。目前，常用的疫苗是牛羊 O 型口蹄疫灭活苗，羔羊每只 1 毫升，成年羊每只 2 毫升，皮下注射。

2. 发病时的扑灭措施

发生口蹄疫或疑似口蹄疫时，应立即上报疫情，有关部门应立即组织人员进行病料的采取（最好在水疱未破裂前进行），送实验室确诊定型。确诊后划定并封锁疫点、疫区，扑杀患病羊，尸体焚烧或深埋；对疫区及受威胁区的假定健康羊接种流行毒株口蹄疫疫苗；对污染的环境及用具要随时消毒，常用的消毒剂是 2%~4%的氢氧化钠溶液；待最后一只病羊处理之后，14 天内无新病例出现，经过终末大消毒后解除封锁。

第二节 小反刍兽疫

小反刍兽疫又称羊瘟或伪牛瘟。是由小反刍兽疫病病毒引起的绵羊和山羊的一种急性传染病。临床上以高热、眼鼻有大量分泌物、上消化道溃疡和腹泻为主要特征。世界动物卫生组织将本病规定为 A 类烈性传染病，中国也将其列为一类动物疫病。

一、病原

小反刍兽疫病毒是副黏病毒科的麻疹病毒，与牛瘟病毒有相似的物理化学及免疫学特征。

二、流行病学

易感动物：自然宿主为山羊和绵羊，山羊比绵羊更易感，尤其3~8月龄的山羊为易感。绵羊、羚羊、美国白尾鹿次之。牛、猪等可以感染，多为亚临床经过。野生动物偶尔发生。

传染来源：传染源主要为患病动物和隐性感染动物，处于亚临床型的病羊尤为危险。病羊的分泌物和排泄物均含有病毒，可引起传染。

传播途径：主要通过呼吸道飞沫传播，病毒可经精液和胚胎传播，也可通过哺乳传染给幼羊。

流行特点：本病主要流行于非洲西部、中部和亚洲的部分地区。无年龄性，无季节性，多呈流行性或地方流行性。

三、临床症状

本病潜伏期为4~6天，最长达21天。

临床主要表现为发病急，体温高热41℃以上，并持续3~5天。病羊精神沉郁，食欲减退，鼻镜干燥。口鼻腔分泌物逐步变成脓性黏液，若患病动物尚存，这种症状可持续14天。发热开始4天内，齿龈充血，进一步发展到口腔黏膜弥漫性溃疡和大量流涎，这种病变可能转变成坏死。在疾病后期，咳嗽、胸部啰音以及腹式呼吸，病羊常排血样粪便。本病在流行地区的发病率可达100%，严重爆发期死亡率为100%，中等爆发致死率不超过50%。

四、病理变化

尸体剖检可见结膜炎、坏死性口炎等肉眼病变，在鼻甲、喉、气管等处有出血斑。严重时病变可蔓延到硬腭及咽喉部。皱胃常出现病变，而瘤胃、网胃、瓣胃较少出现病变，表现为有规则、有轮廓的糜烂，创面红色、出血。肠可见糜烂或出血，在大肠内，盲肠和结肠结合处呈特征性线状出血或斑马样条纹。淋巴结肿大，脾有坏死性病变。

五、防治方法

目前本病尚无有效治疗方法。在本病的流行国家和地区发现病例，应严密封锁，扑杀患羊，隔离消毒。对本病的防控主要靠疫苗免疫。目前有弱毒疫苗和灭活疫苗等多种疫苗，弱毒疫苗有保护率高的特点但其热稳定性差。

第三节 羊 痘

羊痘分为绵羊痘和山羊痘。绵羊痘和山羊痘都是由山羊痘病毒属的痘病毒引起。其中，绵羊痘更常见、更严重。绵羊痘是山羊痘毒属的绵羊痘病毒引起的一种急性、热性、接触性传染病。其特征是皮肤和黏膜上发生特异性的痘疹，可见到典型的斑疹、丘疹、水疱、脓疱和结痂等症状。

一、病原

痘病毒属于痘病毒科脊椎动物痘病毒亚科，核酸为双股DNA，有囊膜。痘病毒有6个属：正痘病毒属、副痘病毒属、山羊痘病毒属、禽痘病毒属、兔痘病毒属、猪痘病毒属。各种动物的病毒属分属于各个属，其宿主虽然不同，但在形态结构、化学组成和抗原性方面均大同小异，在血清学上也有些交叉反应。

病毒对热、直射阳光、碱和大多数常用消毒剂敏感，对干燥的抵抗能力比较强，在干燥的痂皮中可以存活几年。病毒很容易被氯化剂杀死，有的对乙醚敏感。

二、流行病学

病羊和带毒羊是本病的主要传染源。可通过水疱液、脓疱液、脱落的痂皮以及呼吸道分泌物排毒。本病主要经呼吸道感染，也可通过损伤的皮肤或黏膜感染。饲养管理人员、用具、皮毛、饲料、垫草和外寄生虫等都可成为传播的媒介。不同的品种、性别、年龄的绵羊都有易感性，以细毛羊最为易感，羔羊比成年羊易感，病死率也高。易引起妊娠母羊发生流产。本病可发生于任何季节，但以冬春寒冷季节多见。羊舍狭窄、拥挤、阴暗潮湿、不卫生和通风不良，可使流行加剧和病情加重。

三、临床症状

潜伏期平均6~8天，短的2~3天，长的达15~16天。

1. 典型羊痘

病初，体温升高到41℃~42℃，食欲减退，精神沉郁，结膜潮红；流鼻液（浆液性鼻涕或脓性鼻涕），呼吸、脉搏增数。1~4天后，在身体无毛或少毛部位的皮肤（眼周围、鼻、唇、颊、四肢、尾内侧、乳房、阴唇、阴囊和包皮上）出现红斑，再经1~2天后形成丘疹，凸出于皮肤表面呈灰红色硬结，指压变为苍白色，丘疹逐渐增大，变成水疱（灰白色或淡红色，充满浆液），继而发展为脓疱。如无继发感染，脓疱逐渐干涸，形成棕色痂块，痂块脱落遗留红斑而痊愈，病程3~4周（图5-2、图5-3）。

2. 非典型羊痘

有的病羊出现轻度体温升高，不出现或仅有少数痘疹，或出现丘疹后不再继续发展，并在几天内干燥脱落，称为"石痘"；有的病羊，痘疱内出血，呈黑红色，称"黑痘"；有的痘疱发生化脓和坏疽，形成相当深的溃疡，发出恶臭气味，称"臭痘"或"坏疽痘"，病死率达20%~50%。

 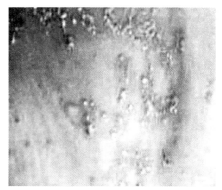

图 5-2 山羊耳朵、眼睛周围的痘疹　　　　图 5-3 皮肤表面的痘疹

四、病理变化

除上述体表所见病变外，胃黏膜上有圆形或椭圆形白色坚实结节，单个或融合存在，严重的可形成糜烂或溃疡。口腔、舌面、咽喉部和支气管黏膜也常有痘疹；肺痘发生率为 25% 左右。

五、预防方法

1. 预防

平时加强饲养管理，常发区每年定期接种羊痘鸡胚化弱毒疫苗，不论羊只大小，一律尾部或股内侧皮内注射 0.5 毫升，4~6 天可产生免疫，免疫期 1 年。

2. 处理措施

立即隔离或淘汰病羊，未发病者紧急接种疫苗。封锁疫点、疫区，严格消毒污染的环境，尸体深埋处理；目前尚无特效疗法，皮肤病变部位用 0.1%~0.2% 高锰酸钾溶液冲洗，再涂以碘甘油或紫药水。用抗生素或磺胺类药物防止继发感染。康复血清有一定防止作用，预防量成年羊每只 5~10 毫升，小羊 2.5~5 毫升，治疗量加倍，皮下注射。

第四节 羊布鲁氏菌病

该病是由布鲁氏菌引起的人畜共患的一种慢性传染病。其特征是生殖器官和胎膜发炎，引起流产、不育和各种组织的局部性病灶。

一、病原

布鲁氏菌为革兰氏阴性的球杆菌。布鲁氏菌属有 7 个种（马耳他、流产、猪、绵羊、林鼠、驯鹿和犬布鲁氏菌）。以马耳他布鲁氏菌、流产布鲁氏菌和猪布鲁氏菌 3 个种最常见。布鲁氏菌的抵抗力均不强，对热及一般消毒剂均敏感。

本病的传染源是病羊及带菌羊。最危险的是受感染的妊娠母羊，它们在流产或分娩时将大量布鲁氏菌随着胎儿、胎水和胎衣排出。流产后的阴道分泌物以及乳汁中都含有布鲁氏菌。布鲁氏菌感染的睾丸炎病例的精液中也有布鲁氏菌存在。此外，布鲁氏菌随尿排出。本病的主要传播途径是消化道，也可经皮肤、结膜、交媾而感染。吸血昆虫可以传播本病。羊的易感性随性成熟、配种而增高。母羊比公羊易感。

二、临床症状

潜伏期不定，2 周至半年。常呈隐形感染。怀孕羊发生流产是本病的主要症状。流产多发生于怀孕后的 3~4 个月。流产前，病羊食欲减退，口渴，精神沉郁，阴道流出黄色黏液等。有的山羊流产 2~3 次，有的则不发生流产。其他症状可能还有乳房炎，支气管炎、关节炎及滑液囊炎会引起跛行。公羊睾丸炎、乳山羊的乳房炎较早出现，乳汁有结块，乳量可能减少，乳腺组织有结节性硬块。绵羊布鲁氏菌可引起绵羊附睾炎。

三、病理变化

剖检常见的病变是胎衣部分或全部呈黄色胶冻样浸润，有些部位覆有纤维蛋白絮片和脓液，有的增厚而杂有出血点。流产胎儿主要为败血症病变，浆膜与黏膜有出血点或出血斑，皮下和肌肉间发生浆液性浸润，淋巴结、脾和肝有程度不等的肿胀，有的有炎性坏死灶。公羊可发生化脓性、坏死性睾丸炎和附睾炎，睾丸先肿大，后期萎缩。

布鲁氏菌病明显的症状是流产，须与发生相同症状的疾病鉴别。

四、防治方法

1. 预防

（1）平时的预防措施。坚持自繁自养，必须引进时，要严格检疫。即将引进羊只隔离饲养两个月，同时进行布鲁氏菌病的检查，全群两次血清学检查为阴性者，才可以与原有羊混群。无本病的羊群，也应定期检疫（至少1年1次），一经发现，应立即淘汰。

（2）疫苗接种。在中国，主要使用猪布鲁氏菌2号弱毒活苗和马耳他布鲁氏菌5号弱毒活苗。猪2号苗可经口服、注射和气雾免疫，羊5号苗气雾免疫也已成功。

2. 处理措施

羊群中如果发现流产，除隔离流产羊和消毒环境及处理流产胎儿、胎衣外，应尽快做出诊断。确诊为布鲁氏菌病或在羊群中检疫发现本病，均应采取措施，将其消灭。消灭布鲁氏菌病的措施是检疫、隔离、控制传染源、切断传播途径、培养健康羊群及主动免疫接种。

第五节　羊厌气菌病

羊厌气菌病是由梭菌群中的致病菌株所引起的一类传染病，包括羊快疫、羊猝狙、羊肠毒血症、羔羊痢疾等五种。羊快疫是由腐败梭菌引起的一种急性传染病，主要发生于 6~18 月龄膘情好的绵羊。羊采食被腐败梭菌污染的饲料和饮水，病菌进入羊消化道，多数当时不立即发病，但当气温骤变引起羊抵抗力下降时，腐败梭菌大量繁殖，产生大量外毒素，引起羊突然发病死亡。羊猝狙是由 C 型产气荚膜杆菌引起，以急性死亡为特征，多发生于 1~2 岁成年绵羊，常流行于潮湿、低洼地区，冬季多发生。羊肠毒血症是由 D 型魏氏梭菌产生毒素所引起的绵羊急性传染病，通常以 2~12 月龄，膘情好的羊为主，秋季发病较多。羔羊痢疾是由 B 型魏氏梭菌引起，以剧烈腹泻和小肠发生溃疡为特征。主要危害 7 日龄左右的羔羊。本病传染来源是病羊，其粪便内含有大量病原菌，污染羊舍和周围环境，经消化道、脐带和外伤感染。

羊的这类厌气菌在以前放牧的羊群常发生，因为过去放牧的羊，在秋季庄稼收割完后，把羊放在农田里进行放牧，农作物秸秆的底部叶片大都腐败，而且较湿润，非常适合这些厌气菌的生长繁殖，羊在放牧的过程中就会把这些病菌吃进去，所以这类疾病是越膘肥的羊发病死亡的越多，因为膘肥的羊采食的速度快，吃进去的病菌就越多，而瘦弱的羊由于采食慢，吃进去的病菌就越少或者没有，所以瘦弱的羊发病较少。现在，由于养羊业由过去的放牧为主转变为舍饲养殖，所以羊的这类厌气菌越来越少，有的地方几乎不发生。

一、临床症状与病变

由于这类病发病急、死亡快，常见不到临床症状就突然死亡。病程稍长的，病羊表现虚弱，食欲废绝，离群独处。粪稀、色黑，有腥臭味，有时粪内还有黏液或脱落的肠黏膜，血丝，体温一般不升高。病理变化主要是肠壁的充血、出血状态。

二、防治措施

1. 加强消毒：有病羊发现时，对整个羊圈及羊活动的场地彻底消毒，每天消毒 2 次，直到没有病羊出现为止，防止其他健康羊感染。

2. 治疗：这类病由于发病急、死亡快，常来不及治疗。所以对这类病一般不治疗，也没有有效的治疗方法，必须加强平时的防疫措施。

3. 免疫接种：每年春、秋两季用羊快疫、羊猝狙、羊肠毒血症、羔羊痢疾、四联疫苗进行免疫注射，该疫苗一次注射可同时防这四种病。注射一次，免疫期可达 6~9 个月。

4. 加强饲养管理：要饲喂优质牧草，防止饲草腐败、变质。

第六节　羊传染性胸膜肺炎

绵羊传染性胸膜肺炎是支原体引起的一种传染病。在自然条件下，3 岁以下的羊最易感。绵羊肺炎支原体可感染山羊和绵羊。病羊和带菌草是本病的主要传染源。此病呈地方性流行，主要通过空气经呼吸道传染，多见于冬季和春季枯草季节发病，尤其是营养缺乏的羊只，容易受寒感冒，机体抵抗力降低，较易发病。

一、临床症状

本病潜伏期 18~20 天。根据病程和临床症状，可分为最急性、急性和慢性 3 种类型。

1. 最急性

病初体温较高，可达 41℃~42℃，极度委顿，食欲废绝，数小时后出现肺炎症状，呼吸困难，咳嗽，并流浆液性带血鼻液。病羊卧地不起，四肢直伸。黏膜高度充血，发绀，目光呆滞，呻吟哀鸣，不久窒息而亡，病程一般不超过 5 天。

2. 急性

病初体温升高，咳嗽，4~5 天后，鼻液转为脓性并呈铁锈色，高热稽留不退，食欲锐减，呼吸困难，眼睑肿胀，流泪，眼角中有脓性分泌物，口流泡沫状唾液。有的发生膨胀和腹泻。口唇和乳房等部位易出现皮疹。70%~80%的妊娠母羊流产。

3. 慢性

羊身体衰弱，症状轻微，体温降至40℃左右。病羊有间歇性咳嗽和腹泻，鼻液时有时无，被毛粗乱，很容易引起其他并发症而死亡。

二、剖解变化

胸腔常有淡黄色液体，纤维素性肺炎，颜色由红色至灰色不等，肺切面呈大理石样，胸膜变厚而粗糙，附着有黄白色纤维素渗出物，与肋膜及心包粘连。心包积液，心肌松弛，变软。急性病例还可见脾肿大，胆囊肿胀，肾肿大和出血。

三、诊断方法

本病的流行规律，临床表现和病理变化都很有特征。根据这三个方面的情况可以做出初步诊断。本病临床症状和病理变化与羊的链球菌病及巴氏杆菌病相似，确诊需进行病原分离鉴定和血清学试验。

四、预防措施

1. 防止引入病羊和带菌羊，新引进羊只必须隔离检疫1个月以上，确认健康时方可混入大群。

2. 发病羊群应进行封锁，及时对全群进行逐头检查，对病羊及可疑羊分群隔离治疗。

3. 对被污染的羊舍、场地、饲养管理用具应进行彻底消毒。

4. 接种绵羊支原体灭活疫苗，使羊群获得抗病免疫力。

五、治疗方法

可选用泰乐菌素、泰妙菌素及阿奇霉素等进行治疗。泰乐菌素的用量是每千克体重20~50毫克，每日2次，连用7天，间隔5天后再用3天。

100 升饮水中加入 5~10 克泰妙菌素或阿奇霉素自由饮水，连用 7 天。泰妙菌素按每千克体重 20 毫克的量肌肉注射，每日 1 次，5 天为一个疗程，治疗 2 个疗程。清开灵注射液 5~10 毫升肌肉注射，每日 1 次，连用 3 天。

第七节 羊链球菌病

羊链球菌病是链球菌属 C 群兽疫链球菌引起的。绵羊对该病易感性高，山羊次之。病羊和带菌羊是本病的传染源，病死羊的肉、骨、皮、毛等都可扩散传播病菌。本病主要通过呼吸道传染，也可经过皮肤伤口、羊虱蝇叮咬等途径传播。新发病区常呈流行性发生，老疫区则呈地方性流行或散发。

一、临床症状

1. 急性型

病羊体温升高至 41C°，呼吸困难，精神不振，食欲低下，反刍停止。流涎，鼻孔中流出浆液性、脓性分泌物，结膜充分。有时可见眼睑及面颊及乳房部位肿胀，咽喉部及下颌淋巴结肿大。粪便松软，带有黏液和血液。羊病死前常有磨牙、呻吟及抽搐现象，病程 1~3 天。

2. 亚急性型

体温升高，食欲减退，嗜卧，不愿走动，走时步态不稳，咳嗽，流鼻液，病程 1~2 周。

3. 慢性型

一般轻微发热，病羊食欲不振，咳嗽，消瘦，腹围缩小，步态不稳，僵硬，有时出现关节炎。病程 1 个月左右。

二、剖检变化

主要以败血性表现为主。尸僵不全、不明显。各个脏器广泛出血，肺脏呈大叶性肺炎，有时肺脏尖叶有坏死灶，肺脏常与胸壁粘连，胆囊肿大，肾脏肿胀、梗死，各脏器浆膜面常覆有黏稠的纤维素物质。

三、诊断方法

根据本病的流行特点，临床症状和剖检变化可以做出初步诊断。但羊链球菌病与巴氏杆菌病在临床症状和病理变化上很相似，要注意区别，常通过细菌学检查做出鉴别诊断。

四、预防措施

在每年发病季节到来之前，用羊链球菌病氢氧化铝甲醛菌疫苗进行预防接种，大、小羊一律皮下注射 3 毫升，3 月龄以下羔羊，2~3 周后重复注射 1 次，免疫期可维持半年以上。

五、治疗方法

1. 药物治疗

早期可用青霉素、壮观霉素、菌必治、氧氟沙星或头孢曲松钠药物治疗。青霉素 80 万~100 万单位，每日肌肉注射 2 次，连用 2~3 天；盐酸林可霉素、壮观霉素注射液按 0.1~0.2 毫克/千克体重的剂量肌肉注射，每日 1 次，连用 5~7 天；头孢曲松钠 1~2 克、地塞米松 2~5 毫克、0.5%氯化钠注射液 250~500 毫升、维生素 C 5~10 毫升、维生素 B_{12} 5~10 毫升，混合后 1 次缓慢静脉注射，每日 2 次，连用 2 天，症状减轻后改为每日 1 次，对于呼吸困难的羊肌肉注射尼可刹米。

2. 局部处理

先将下颌、关节及脐部等处局部脓肿切开，清除脓汁，再用双氧水清洗消毒，生理盐水冲洗干净，然后涂碘酒和抗生素软膏。

3. 中药治疗

取麻黄 8 克、杏仁 10 克、石膏 20 克、紫苏 10 克、前胡 10 克、黄芩10 克、鱼腥草 30 克、甘草 8 克，用水煎好灌服，每日 1 剂，可连用 3~4 天。

第八节　羊假性结核病

羊假性结核病多侵害局部淋巴结，形成脓肿，脓呈干酪样，故又称干酪性淋巴结炎。

本病分布广，发病率高。绵羊、山羊和骆驼均可患病。由于引起本病的结核棒状杆菌不仅存在于粪便和自然界的土壤中，也存在于动物的肠道、皮肤及被感染器官中，特别是化脓的淋巴结中，可随脓汁、粪便等排出而污染羊舍、草料、饮水和饲养管理用具，使健康羊受到污染，本病主要通过伤口传染，如给羊耳上打号、去角、脐带处理不当，尖锐异物刺伤羊体等均可成为该病原菌侵入羊体的门户，也可通过消化道、呼吸道以及吸血昆虫传染。

一、临床症状

根据病变发生的部位，临床上可分为体表型、内脏型和混合型 3 种。其中以体表型比较多见，混合型次之，内脏型比较少见。

1. 体表型

病羊一般没有明显的全身症状，病变常局限于体表的淋巴结，以腮腺淋巴结肿胀最常见，颈前、肩前淋巴结次之，乳上、股前淋巴结等较少见。肿胀的淋巴结呈圆形或椭圆形，有的大如碗口，形成脓肿，继而破溃，流出淡黄色、黄绿色或黄白色浓稠如牙膏样的脓汁，脓汁排出后数日即可结痂痊愈。有时在原处或邻近淋巴结后周围组织又出现新的化脓灶。病羊通常表现为消瘦、生长发育受阻，生产性能下降，但很少死亡。

2. 内脏型

内脏器官上形成化脓灶和干酪样病灶。病羊出现不同程度的全身症状，食欲下降，精神不振，贫血、消瘦、咳嗽、流鼻液，呼吸次数增加。后期体温升高，经抗生素类药物治疗后降至正常，但停药后又可上升。病程较长，死亡率较高。

3. 混合型

兼有上述的两种症状。

二、预防措施

1. 定期检查羊群，发现体表淋巴结肿大，化脓者，应隔离饲养。

2. 对自然破溃流出脓液污染的场所应进行彻底消毒，对成熟脓肿切开排脓时，应用器具收集脓汁，妥善处理，防止病菌扩散。

3. 坚持临床检查，及时治疗与淘汰病羊。

三、治疗方法

1. 对有症状的病羊可用 0.5% 黄色素注射液 10~15 毫升，1 次静脉注射，同时肌肉注射青霉素 160 万~320 万单位，每日 2~3 次。

2. 局部病变可在脓肿成熟、触之有波动、表面被毛脱落、皮肤发红时，切开排脓，脓腔涂上碘酒或抗菌素类药。

第九节　羊炭疽病

羊的炭疽病是由炭疽杆菌引起的一种急性、烈性传染病，而且是一种人畜共患病，在中国的畜禽疫病分类表中属于一类传染病。

本病各种家畜及人都可感染，绵羊、山羊等草食动物最易感染发病。本病多发生于夏秋两季，呈散发性流行。羊主要是采食了被炭疽杆菌污染的饲料或饮用了被污染的水源而感染，也可由吸血昆虫叮咬及黏膜创伤感染。其次是吸入了含有炭疽芽孢的飞沫、尘埃，经呼吸道黏膜感染发病。病羊是主要传染源，被污染的土壤、水源和草场可成为持久性的疫地。

一、临床症状

羊多为急性经过，初期常表现出兴奋不安，体温升高，行走摇摆，心跳加速，呼吸加快，可视黏膜发绀。后期患羊忽然倒地，全身战栗、昏迷、呼吸困难、磨牙，口、肛门、阴门等天然孔流出暗红色泡沫血水，血水呈酱红色、凝固不良，羊多在几分钟内死亡。

二、病理变化

一般怀疑为炭疽时不做剖检，需要剖检时应在严格防护、隔离和消毒的条件下才能进行，特别要注意防止扩散疫情和感染人。尸僵不全，四肢松软不硬，天然孔出血，血液呈酱红色，凝固不良，黏膜发绀有出血点。脾脏明显肿大，易碎，切面流出暗红色脾髓。淋巴结、肝脏、肾脏、心脏肿胀出血。

三、诊断方法

根据病羊突然死亡，死后尸僵不全和天然孔出血等现象可做出初步诊断，但必须与羊快疫、羊猝狙、羊巴氏菌病等急性致死的疫病加以鉴别。可采集羊的静脉血、水肿液、血便或内脏等送兽医实验室检验。

四、预防措施

1. 每年定期皮下接种无毒炭疽芽孢疫苗进行免疫注射，羊可获得抗病免疫，免疫期1年。

2. 当发现不明原因死亡的病羊时，必须立即报告当地动物检疫部门，经过兽医检验人员检验后再做处理，其他人员不得随意处理死去的羊。同时，隔离病羊群，立即用漂白粉溶液或过氧乙酸对被污染的畜舍、场地以及用具进行喷洒消毒。对被污染的饲料、粪便采取焚烧、深埋的方法进行处理。

3. 当确诊为炭疽时病羊不得解剖，更不能食用，应将病羊尸体及污染物焚烧再撒上消毒药深埋处理。

4. 对出现炭疽病例的羊群，所有羊只肌肉注射青霉素、链霉素，连续注射 5 天，每日 2 次。

第十节　羊传染性脓疮

羊传染性脓疮又称羊口疮，是羊经常发生的一种传染病。本病主要危害 3~6 月龄的羔羊，人也可以感染。病羊和带菌羊是传染源，主要经损伤的皮肤和黏膜感染。由于羊传染性脓疮的病毒抵抗力较强，本病在羊群内可连续存在多年。

一、临床症状

1. 唇形

口角、上唇或鼻镜上出现小红斑、小结节、水疱或脓疮，破溃后结成疣状硬痂，若为良性，经过 1~2 周后痂皮干燥、脱落而康复。患部继续发生丘疹、水疱、脓疮、痂垢，互相融合，波及整个口唇周围及颜面、眼睑和耳部周围，形成大面积龟裂、出血，痂垢不断增厚，致使病羊采食、咀嚼和吞咽困难，日趋衰弱。

2. 蹄型

多见一个肢的蹄叉、蹄冠或局部皮肤上出现水疱、脓疮和溃疡及坏死。常波及皮基部和蹄骨，甚至肌腱或关节。病羊跛行，长期卧地，病情缠绵。严重者衰竭而死。

3. 外阴型

阴道有黏液性或脓性分泌物，肿胀的阴唇及其附近皮肤上出现溃疡，公羊阴囊鞘肿胀，出现脓疮和溃疡。

4. 乳房型

母羊乳头和乳房发生丘疹、水疱、脓疮、烂斑和痂垢，体温正常，很少死亡。

二、剖检变化

病羊口角、唇、舌面等部位有结痂、溃疡病变外，气管、肺出现出血现象，心肌和心外膜有点状出血，小肠壁变薄，轻度出血。

三、诊断方法

本病根据流行症状和流行情况做出初步诊断，也可在兽医实验室用血清学诊断方法进行确诊，诊断时应注意与羊痘进行区别。

羊痘：成年羊在秋季多发，持续高热 20 多天，全身体表、四周有大小不等典型痘疹；肺表面有褐色圆形肺炎灶，有白色坏死中心，预后不良。

羊口疮：羔羊在春季多发，在口角、上、下唇部周围有增生性桑葚状突起的痂垢，体温正常或低温，没有继发感染，7 天痊愈。成年母羊乳头和乳房皮肤发生水疱和痂垢，体温正常，很少死亡。

四、预防措施

1. 禁止从疫区购买羊和饲料。

2. 购进羊只必须经过严格的检疫和消毒，隔离观察 3 周，经检疫证明无病，将蹄部彻底清洗消毒后方可入大群饲养。

3. 在羊口疮流行地区，母羊产前 20 天应接种羊口疮灭活疫苗 2 毫升。羔羊 3~5 日龄时，在口唇黏膜接种羊口疮弱毒细胞冻干疫苗 0.2 毫升，每隔 15 天接种 1 次，连续接种 2~3 次。羔羊和妊娠母羊接种羊痘疫苗时对羊口疮具有一定的交叉免疫保护力，其免疫力可持续 4 个月。

4. 发病时做好被污染环境的消毒，特别是羊舍和饲养管理用具的消毒。可用 2%氢氧化钠、0.05%过氧乙酸或 0.1%消毒威彻底消毒 1 次。

五、治疗方法

先用水杨酸软膏将痂垢软化，除去痂垢，再用 0.1%~0.2% 高锰酸钾溶液进行冲洗创面，然后涂 2% 龙胆紫或 5% 碘甘油或碘伏，每日 2~3 次，直至痊愈。蹄部发生病变，可将蹄部置于 5%~10% 福尔马林溶液中浸泡 1~2 分钟，连泡 3 次，也可在第 2 天用 3% 龙胆紫或 5% 碘甘油、碘伏和红霉素软膏涂拭患部。严重者还可肌肉注射利巴林注射液 10~16 毫升，青霉素 160 万单位，链霉素 100 万单位进行治疗。

第十一节　羔羊大肠杆菌病

羔羊大肠杆菌病多发于 6 月龄内的羔羊，病羊和带菌羔是主要的传染源，病菌通过污染水源、饲料、乳头和皮肤而感染，呈地方性流行。冬、春季多发，与天气骤变、圈舍潮湿和污秽、羔羊先天性发育不全或后天营养不良等有关。

一、临床症状

2~6 周龄羔羊发病后，体温 41℃~42℃，羔羊精神沉郁，迅速虚脱，粪便稀薄，混有气泡和血液，病羊共济运动失调、磨牙、视力障碍、有的出现关节炎。羔羊表现腹痛、虚弱、严重脱水、不能站立，24~36 小时内死亡。

二、剖检变化

尸体清瘦，严重脱水。肠内充满黄灰色液状内容物，肠黏膜充血、有出血点，肠系膜淋巴结肿大、出血。病羊可见胸、腹腔和心包大量积液，心肺表面有纤维素样渗出物。腕关节肿大，内含脓性絮生。脑膜有充血、出血点，大脑沟有多量脓性渗出物。

三、诊断方法

根据本病的流行特点、临床症状和剖检变化可以做出初步诊断。从病灶组织、血液或肠内容物中可分离培养出致病菌就可以确诊。在诊断时应与魏氏梭菌引起的羔羊痢疾加以区别。

四、预防措施

母羊要加强饲养管理，做好母羊的抓膘工作，同时应注意羔羊的保暖防寒工作，以此保证羔羊体格健壮，减少本病的发生。因为羔羊大肠杆菌病是一种条件性疾病，大肠杆菌在羊体内是一种正常存在的细菌，正常状态下是帮助羊消化的，但当羔羊体质变弱、气候骤变时，羔羊的抵抗力下降，大肠杆菌就加速生长繁殖，毒力增强，就变成了引起羔羊拉稀的致病菌，所以提高羔羊的体格素质，是防止本病发生的基础性条件。

对病羔要立即隔离，及时治疗。对污染的环境、用具要用3%~5%来苏儿溶液消毒。对于大型养殖场，可用本场流行的血清型大肠杆菌制备多价活疫苗接种妊娠母羊，可使羔羊获得免疫，羔羊出生后吃母羊初乳，获得免疫抵抗力。

五、治疗方法

大肠杆菌对新霉素、甲矾霉素、磺胺脒、庆大霉素、恩诺沙星、环丙沙星等药物敏感。磺胺脒首次每千克体重内服1克，以后隔6小时，每千克体重内服0.5克。肌肉注射庆大霉素每千克体重2~4毫克；恩诺沙星或环丙沙星按每千克体重内服3毫克。心脏衰弱时皮下注射25%安纳咖注射液0.5~1毫升；对脱水严重的羊静脉注射5%葡萄糖盐水50~100毫升。对拉稀但脱水轻微的羔羊，要把口服补液盐按比例配在水中，让羔羊自由饮用，起到补水的作用。

第十二节　羊腐蹄病

羊腐蹄病又称羊坏死杆菌病，多发生于低洼潮湿地区和多雨季节，呈散发性或地方性流行。特别是现在禁牧，大力发展舍饲养殖，许多地方修建了大量的新型双侧式双棚，这类棚在修建时多采取了坐北向南的格局，这样使南边的一侧棚得到了充足的阳光，北边的一侧棚一年四季长期得不到阳光照射，造成北边的一侧棚阴暗潮湿，为该病的发生创造了条件。

该病绵羊比山羊易感。坏死杆菌广泛存在于动物的饲养场、被污染的土壤、沼泽地、池塘等处，还存在于健康动物的口腔、肠道和外生殖器等处。病原菌主要通过羊损伤的皮肤和黏膜感染。圈舍及放牧地面潮湿是本病的主要诱因。

一、临床症状

患羊病初出现跛行，蹄经常抬高不敢着地，蹄冠与趾间肿胀、热痛，而后溃烂，挤压肿烂部位有发臭的脓液流出，随病变发展，可波及肌腱、韧带和关节，有时蹄壳脱落。在蹄底可发现小孔或大洞，对病羊运动和采食受到影响，身体逐渐消瘦。

二、预防措施

尽量避免蹄部受伤，经常清除运动场上的污泥、石块及其他异物。使棚圈内保持充足的阳光，保持圈舍卫生、干燥，忌长期在低洼潮湿的地方放牧或卧息。

三、治疗方法

1. 病初可用 10% 硫酸铜溶液浸泡病蹄，每次浸泡 10~30 分钟，每日早、晚各 1 次。

2. 蹄化脓时，先用尖刀挖除坏死部分，再用1%高锰酸钾溶液或3%来苏儿溶液冲洗创面，也可用6%福尔马林或5%~10%硫酸钠溶液浸泡蹄部，最后涂以消炎粉、松节油或抗生素软膏，并用棚带包扎患部。

第十三节 羊常用疫苗及免疫程序

一、羊常用疫苗

1. 羔羊痢疾氢氧化铝菌苗

预防羔羊痢疾，在怀孕母羊分娩前20~30天和10~20天时各注射一次。注射部位分别在两腿内侧皮下。疫苗用量分别为每只2毫升和3毫升。10天后产生免疫力。羔羊通过吃奶获得被动免疫，免疫期5个月。

2. 羊四联苗或羊五联苗

羊四联苗即快疫、猝狙、肠毒血症、羔羊痢疾苗；羊五联苗即快疫、猝狙、肠血毒症、羔羊痢疾、黑疫苗。每年2月底3月初和9月下旬接种，不论羊只大小，每只皮下或肌内注射5毫升，14天后产生免疫力。

3. 羊痘鸡胚化弱毒疫苗

预防山羊痘，每年3~4月接种，免疫期1年。不论羊只大小，每只皮下注射疫苗0.5毫升。

4. 破伤风类毒素

预防破伤风，在怀孕母羊产前1个月、羔羊育肥阉割前1个月或羊只受伤时，每只羊颈部皮下注射0.5毫升，1个月后产生免疫力，免疫期1年。

5. 第Ⅱ号炭疽菌苗

预防山羊炭疽病，每年9月中旬注射1次，每只皮下注射1毫升，14天后产生免疫力。

6. 羔羊大肠杆菌疫苗

预防羔羊大肠杆菌病，3月龄以下每只皮下注射1毫升，3月龄以上每只2毫升。14天后产生免疫力，免疫期6个月。

7. 羊流产衣原体油佐剂卵黄灭活苗

预防山羊感染衣原体而流产，在羊怀孕前或怀孕后 1 个月内皮下注射，每只 3 毫升，免疫期 1 年。

8. 口疮弱毒细胞冻干苗

预防山羊口疮，每年 3 月和 9 月每只口腔黏膜内注射各 0.2 毫升。

9. 山羊传染性胸膜肺炎氢氧化铝菌苗

皮下或肌肉注射，6 月龄以下每只 3 毫升，6 月龄以上每只 5 毫升，免疫期 1 年。

10. 羊链球菌氢氧化铝菌苗

预防山羊链球菌病，每年 3 月和 9 月在羊背部皮下各接种 1 次，免疫期半年；6 月龄以下每只 3 毫升，6 月龄以上每只 5 毫升。

二、羊免疫程序

1. 春季

(1) 破伤风类毒素。怀孕母羊产前 1 个月注射（个别羊场可在羊产后肌肉注射破伤风抗毒素，羔羊产后 1 个月可肌肉注射）。

预防疾病：破伤风。

免疫方法：肌肉注射。

免疫期：1 年。

(2) 羊三联四防疫苗。每年 2 月下旬至 3 月上旬(成年羊、羔羊)注射。

预防疫病：羊快疫、羊肠毒血症、羊猝狙、羊黑疫（或羔羊痢疾）。

免疫方法：成羊或羔羊都按说明注射或成年羊加 0.2 倍量，10~14 天产生免疫力。

免疫期：6 个月。

(3) 羔羊痢疾疫苗。怀孕母羊产前 20~30 天（如羔羊注射五联苗可略去这次免疫，若没注射，羔羊 1 个月龄可注射）。

预防疫病：羔羊痢疾。

免疫方法：按说明书免疫，隔 10~14 天再免疫 1 次，10~14 天产生抗体。

免疫期：羔羊获得母源抗体。

（4）羊痘疫苗。每年 2~3 月份注射。

预防疫病：羊痘。

免疫方法：不论大小一律皮下注射 0.5 毫升，6~10 天产生免疫力。

免疫期：1 年。

（5）羊口疮弱毒细胞冻干苗。每年 3~4 月份注射。

预防疫病：羊口疮病。

免疫方法：大小羊一律口腔黏膜内注射 0.2 毫升。

免疫期：1 年。

（6）羊链球菌氢氧化铝菌苗。每年 3~4 月份注射。

预防疫病：羊链球菌病。

免疫方法：按说明书使用。

免疫期：6 个月。

2. 秋季

（1）羊流产衣原体油佐剂卵黄灭活苗。注射时间以配种时间确定。

预防疾病：羊衣原体性流产。

免疫方法：羊怀孕前或怀孕后 1 个月内每只皮下注射 3 毫升。

免疫期：1 年。

（2）羊四联苗（或五联苗）。每年 9 月下旬注射。

预防疫病：羊快疫、羊肠毒血症、羊猝狙、羊黑疫（或羔羊痢疾）。

免疫方法：成羊或羔羊都按说明注射或成年羊加 0.2 毫升剂量，10~14 天产生免疫力。

免疫期：6 个月。

（3）口疮弱毒细胞冻干苗。每年 9 月注射。

预防疫病：羊口疮病。

免疫方法：大、小羊一律口腔黏膜内注射 0.2 毫升。

免疫期：1 年。

第六章　羊常见寄生虫病防治

第一节　羊疥癣病

羊疥癣病又称羊螨病，是由于螨虫寄生于羊体表面而引起的慢性外寄生虫病。其特征是皮肤发生炎症、脱毛和奇痒。以绵羊最为严重。

一、病原

该病是由"疥螨"和"痒螨"两种螨虫寄生在羊的皮肤上引起的。疥螨寄生于羊的皮肤深层，以皮肤的组织液为营养，在皮肤深层钻成虫道，交配后在 3~4 天雌虫产卵，卵经 3~7 天孵出幼虫，幼虫经 3~4 天蜕皮变成若虫，再经 3~4 天发育成成虫。痒螨寄生于皮肤表面，以皮肤组织液和淋巴液为营养，发育过程同疥螨，整个发育期需 17~20 天。

疥螨主要发生于山羊，痒螨主要发生于绵羊。主要通过接触感染。本病主要发生于冬季，秋末和春初也可发生，当圈舍阴暗潮湿、羊群密度过大、皮肤卫生状况不良、营养缺乏、羊体瘦弱、体表湿度过大时均易发生本病。

二、临床症状

1. 奇痒

由于皮肤发炎，病羊在围栏、墙壁上摩擦，有的自己啃咬患处，会出现越擦越痒，使患部向健部扩展的情况。

2. 结痂

脱毛、皮肤增厚是病羊必然出现的现象。在蹭痒时使皮肤发生结节、水泡，破裂后流出渗出液。渗出液与脱落的上皮、皮毛和污垢混在一起，干燥后凝结成痂皮。随着病情的发展，皮肤过度角质化，患部脱毛，皮肤增厚，失去弹性而形成皱裂。

3. 消瘦

一方面由于病羊终日啃咬和摩擦患部，烦躁不安，影响了正常的采食和休息，日渐消瘦；另一方面，由于大面积脱毛，使皮肤裸露于寒冷的空气中，体温随之大量散失，体内蓄积的脂肪被大量消耗，导致迅速消瘦。

三、防治

1. 局部疗法

对于羊群中发病的羊，在患处要涂抹药物，杀虫。

首先要把羊体表面的痂皮刮去，刮至表面清净并有少量出血，然后用洗衣粉水清洗干净，再涂上药物，常用的药物有5%敌百虫溶液，可杀死患部的病虫。

2. 圈舍杀虫

由于螨虫在圈舍内的地面、墙壁都有，所以必须对圈舍进行喷雾，彻底消灭螨虫。常用的药物是石灰粉，先将圈舍内的粪便集中清理干净，堆放在适当的地点进行生物发酵处理，圈舍内地面均匀地撒上石灰粉，墙壁上均匀地喷洒上石灰水，彻底消灭虫卵和幼虫。

3. 药浴疗法

对于发病的羊群（或正常羊群），由于螨虫的爬行运动，在每个羊身上都有螨虫，只是有些羊身上非常少，脱毛非常少，所以我们肉眼没有发现羊脱毛等症状，我们认为羊没有发病，其实每个羊身上都有螨虫。为了彻底消灭羊群内寄生的螨虫，必须进行药浴，彻底杀灭羊的螨虫。

（1）药浴池的修建：药浴池是防治羊体外寄生虫的专用设施，用砖、水、石、水泥等建筑材料修成狭长的水池，可在大型养羊场或羊群聚集的村镇集体设置。

药浴池为长方形，长 10~12 米，池底宽 0.4~0.6 米，池顶宽 0.6~0.8 米，池深 1~1.2 米。入口处设围栏，池入口是陡坡，羊群依次滑入池中药浴，出口处有一定倾斜坡度的小台阶，使羊缓慢地出池，走上台阶，使羊在出浴后停留一段时间，羊身上的药液流回池中，以便于后面羊药浴时有充足的药水。（图 6-1、图 6-2、图 6-3）

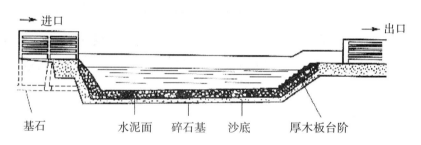

图 6-1　羊药浴池底部结构图

图 6-2　修建完的药浴池

图6-3 羊药浴

药浴池修建需占一定的土地，一般是多个养殖户和村民联合修建，以后使用时同时使用、同时药浴，这样节省时间、成本，使用方便，对于养殖规模小的养殖户，由于修建药浴池占地大、成本高，以后使用效率低。为了便于羊药浴，可以自己做一个简单羊淋浴式药浴装置以自用、自建，非常方便。

（2）药浴方法和注意事项：

①药物的选择：应选用高效、低毒的药物，并稀释到合理的浓度，常用的药浴液有：1%敌百虫溶液，0.1%杀虫液，0.05%辛硫磷溶液等。

②药浴时间：一般选择在绵羊剪毛后一周，山羊在抓绒后进行第一次药浴，7~8天后进行第二次药浴。药浴应在晴朗无风的天气进行，阴雨天，气温降低时不要药浴，以免羊受凉感冒。

③药浴液的温度一般以20℃~25℃为宜，在实际操作中采取提前把水放在药浴池中，晒水1~2天，药浴时再加入几桶开水，以提高水温。

④药浴前2小时让羊得到充分休息，饮足水以免因羊口渴而饮药水中毒。

⑤每只羊药浴的时间大约2分钟，药浴时羊头部会主动露出水面，可用木棍把羊头按入药液中2~3次，以杀灭羊头部的寄生虫。

⑥药浴液应现配现用，先药浴健康羊，后病弱羊，药液不足时应及时添加同浓度的药液。使药浴液浓度保持在 0.8 米左右，使羊体漂浮在药水中。

药浴是防治羊体外寄生虫的一种简单而实用的方法，为保证羊健康生长发育，保持较高的生产性能，定期对羊进行药浴，驱杀体外寄生虫（羊蜱虱、羊疥癣病）。

第二节　羊线虫病

羊线虫病包括羊消化道线虫和肺线虫。

一、羊消化道线虫病

羊消化道线虫是寄生于羊消化道内的各种线虫引起的疾病。其特征是患羊消瘦、贫血、胃肠炎、下痢、水肿等，严重感染可引起死亡。羊消化道线虫种类很多，它们具有各自的致病能力和不同的临床症状，常呈混合感染。本病分布广泛，是羊重要的寄生病之一，给养羊业造成严重的经济损失。

1. 病原

羊消化道线虫属于毛圆科的血矛线虫属，奥斯特线虫属、毛圆线虫属、细颈线虫属、古柏线虫属、马歇尔线虫属、钩口科的仰口属、毛线科的食道口线虫属等十多种。

2. 生活史

雌、雄虫在羊消化道内交配产卵，虫卵随羊粪便排至外界，在适宜的温度、湿度下，从卵内孵出第一期幼虫，脱二次皮变为第三期幼虫（感染性幼虫）。第三期幼虫对外界的不利因素有很多的抵抗力，幼虫在土壤和牧草上爬动。在清晨、傍晚、雨后和雾天多爬到牧草上，羊在吃草时随同牧草把感染性幼虫吃下去而感染。幼虫在羊体内移行；最终发育为成虫（图6-4）。

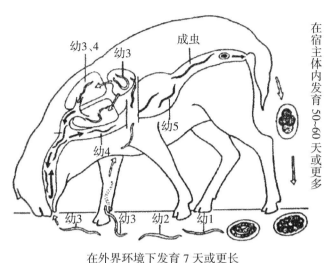

图6-4　羊线虫的生活史示意图

3. 临床症状

主要表现为精神沉郁、消化障碍、食欲减退、消瘦、贫血、可视黏膜苍白、腹泻、便血等。严重的有时出现下颌及颈下水肿。羔羊发育不良，生长缓慢。少数痢疾，体温升高，呼吸、脉搏加快、心音减弱，有的病羊在衰竭后死亡。

二、羊肺线虫病

羊肺线虫病是由网尾科和原圆科的十几种线虫，寄生在羊的气管、支气管乃至肺实质引起的以支气管炎和肺炎为主要症状的疾病。肺线虫病在中国分布广泛，是羊的常见蠕虫病之一。

主要临床症状是羊精神沉郁、食欲降低、被毛枯干、贫血消瘦，跟不上羊群。羊咳嗽在夜间休息时特别明显。羊有时打喷嚏，喷出白色的线虫；从鼻孔中排出黏性分泌物，有的分泌物中带有血丝。有异食癖，吞食土块、塑料布等。肺呈灰白色，有不同程度的肺膨胀不全和肺气肿。

三、羊线虫病的防治

1. 圈舍消毒

圈舍要经常消毒（如撒盖石灰粉），消灭虫卵和幼虫。羊粪要集中堆放，让其充分发酵，把虫卵和幼虫杀死。

2. 计划性驱虫

根据羊线虫的生活史和流行规律，一般春秋两季各进行一次驱虫，常用的驱虫药有：

（1）丙硫苯咪唑（阿苯哒唑）。每千克体重 10~15 毫克，一次灌服。

（2）左旋咪唑。每千克体重 7.5 毫克，一次灌服。

（3）苯硫咪唑（芬苯哒唑）。每千克体重 5~10 毫克，一次灌服。

（4）伊维菌素。每千克体重 0.2 毫克，皮下注射。

第三节　羊脑包虫病

羊脑包虫病又叫羊脑多头蚴病。是由多头绦虫的幼虫（多头蚴）寄生于羊的脑、脊髓而引起的脑炎、脑膜炎等一系列症状的疾病。

一、临床症状

感染初期出现体温升高，呼吸及脉搏加快，兴奋、前冲或后退等神经症状，数日内恢复正常。随着虫体在脑内寄生的部位不同，表现症状也不同。如寄生在大脑前部，病羊则向前直跑，直到头顶在墙上向后仰；如寄生在大脑后部则头弯向后背面；如寄生在小脑，羊则表现为四肢痉挛，体躯不能保持平衡。如寄生在脑左侧，则羊经常向右转圈；如寄生在羊头部右侧，则羊经常向左转圈。随着脑包虫逐渐长大，病羊精神沉郁，食欲减退，垂头吊立。在脑包虫感染后期，虫体寄生在脑部浅层的头骨往往变软，皮肤隆起。

二、诊断方法

根据临床症状、病史、头部触诊综合判定，也可用 B 超仪探测确认寄生部位，剖检病变部位囊肿送实验室，抹片镜检发现脑多头蚴，即可确诊。

三、预防措施

不要让狗采食脑包虫的羊脑，对养羊场或农户所养的狗要定期给予驱虫。驱虫后对狗粪便集中深埋或者焚烧处理。因为狗是这种虫子的最终宿主，狗吃了脑包虫的羊脑，这种虫子就会在肠道内发育为成虫，成虫发育排虫卵，羊采食了虫卵后，在羊的体内发育为幼虫，然后寄生在羊的脑部。所以预防这种病的关键就是要切断它的生长发育链条，首先不要让狗感染上这种虫子。

四、治疗方法

每年对所有羊用丙硫咪唑按每千克体重 15~40 毫克灌服；左旋咪唑按每千克体重 5~10 毫克口服，也可皮下或肌肉注射；阿维菌素按每千克体重 0.2 毫克，1 次肌肉注射或皮下注射。

对于已经出现神经症状的羊（特别是一些引进的价值较高的种羊），要请专门的兽医技术人员手术治疗，即把羊的脑部打开，取出虫体，然后缝合伤口，病羊会逐渐恢复正常。

第四节　羊焦虫病

羊焦虫病是由泰勒科和巴贝斯科的各种原虫引起的血液原虫病，又名羊梨形虫病。本病呈地方性流行，硬蜱是此病传播的中间宿主，有明显的季节性，一般在 4~10 月间，羔羊多呈急性经过，死亡率高。患病耐过的羊有带虫免疫现象，不再发生此病。

一、临床症状

1. 羊泰勒虫病，病羊体消瘦，精神沉郁，体温升高到 41℃，呈稽留热型，食欲减退，呼吸急迫，脉搏加快，心律失常，便秘或腹泻，尿黄色。四肢僵硬，喜卧地，眼结膜初为充血，继而苍白黄染，体表淋巴结肿大，肩前淋巴结肿大尤为显著，可由核桃长大至鸭蛋大，触之有痛感。

2. 羊巴贝斯虫病，体温升高至稽留数日，精神萎靡，食欲废绝，呼吸浅表，脉搏加快，可视黏膜苍白，高度黄染。血液稀薄，尿血、腹泻。后期出现神经症状，倒地死亡。

二、剖检变化

羊泰勒虫病可见羊体消瘦，贫血，全身淋巴结有不同程度的肿大，尤以肩前、肠系膜、肝脏、肺脏等处淋巴结肿大明显。肝脏、脾脏肿大。真胃黏膜有少量出血点。羊巴贝斯虫病可见黏膜与皮下组织贫血、高度黄染。脾肿大有出血点，胆囊肿大，充满胆汁。膀胱扩张，充满红色尿液。瓣胃塞满了干硬的物质。

三、诊断方法

在高温季节，有高热、贫血、黄疸及血红蛋白尿症状，存在中间宿主硬蜱，实验室检查发现虫体，即可确诊。

四、预防措施

本病在发病季节到来之前，在羊身上和栏舍用0.06%氯氰菊酯水乳液喷雾灭蜱，防止蜱叮咬而发病。在每年 5~10 月份对羊进行药物预防注射，用贝尼尔按每千克体重 5 毫克配成溶液，深部肌肉注射 1 次，也可选用焦虫疫苗按说明书使用。

五、治疗方法

1. 贝尼尔按每千克体重 5 毫克，用蒸馏水溶解，肌肉注射，每日 1 次，连用 3 天。也可按每千克体重 7 毫克静脉注射，为了防止呼吸困难，同时肌肉注射 654-2 针剂 4 毫升。

2. 阿卡普林按每千克体重 0.6~1.0 毫克剂量，配成 5% 水溶液，静脉注射。24 小时后可重复用药。

3. 黄色素按每千克体重 3 毫克，配成 0.5%~1.0% 水溶液，静脉注射。注射时药物不可漏出血管外，注射后数天内须避免强烈阳光照射，以免烧伤。症状未见减轻时，间隔 24~48 小时再注射 1 次。

4. 辅助治疗：本病除用驱虫药外，还应辅以强心、补液和补充维生素等措施，严重贫血时，可以输血。

第五节　羊球虫病

羊球虫病是一种急性接触性原虫病。各品种的绵羊、山羊都易感、羔羊极易感染。成年羊一般是带虫者，不出现临床症状。流行季节多为春、夏、秋潮湿季节，特别是现在舍饲养殖的羊，棚圈阴暗潮湿是引起本病发生的主要诱因。冬季由于气温较低，不利于球虫卵囊的发育，很少感染。

一、临床症状

本病多发生于羔羊，病羊最初排出的粪便较软，逐渐变成恶臭的水样稀粪，污染羊的后躯。有些羊粪便带血。病羊经常努责，有时发生直肠脱出。腹泻数日后，表现食欲不振、脱水、体重下降、卧地不起、衰弱。病初体温升高，但很快降至正常或偏低。大多数羊发病后3~4 天内死亡。

二、预防措施

每天清扫羊舍，及时清除粪便和污物，定期对圈舍、饲槽和饮水器具及各种饲养用具进行消毒，保持圈内干燥卫生，并保持经常能够晒上太阳。粪便等污物应集中进行生物发酵处理，避免羔羊接触带有球虫卵囊的污物。羔羊最好与成年羊分群饲养管理。一旦发生病情，要立即隔离治疗。

三、治疗方法

1. 灌服磺胺甲嘧啶（SM_1）或磺胺二甲嘧啶（SM_2），按每千克体重首次量 0.2 克、维持量 0.1 克服用，12 小时服 1 次，同时配合等量的碳酸氢钠（小苏打），连用 3~4 天，在此特别注意在服用磺胺类药物时必须配上一定量的小苏打，以便磺胺药的代谢与排泄，防止长期服用磺胺药引起肾结石或尿结石。

2. 灌服氨丙啉。氨丙啉对羔羊艾美耳球虫有良好的防治效果，每日每千克体重用量为 20~25 毫克，连用 5 天。

第七章　羊常见普通病防治

第一节　羊瘤胃臌气

羊瘤胃臌气是由于羊采食了大量发酵的饲料或在空腹的情况下采食了大量的饲草引起饲料在瘤胃内发酵，产生大量气体，造成瘤胃膨胀的一种疾病。如带露水青草、带露水的青贮饲料、开花前的苜蓿、马铃薯叶、豌豆、油渣及霉变的饲料。该病还可继发于食道阻塞、瘤胃积食、前胃弛缓和创伤性网胃炎等疾病，多见于春末夏初放牧羊群。

一、临床症状

1. 急性瘤胃臌气：病羊表现不安，回头顾腹，拱背伸腰，腹部凸起，有时左肷向外突出高于髋关节或中背线，反刍和嗳气停止。触诊腹部紧张性增加，叩诊呈鼓音，听诊瘤胃蠕动音减弱，黏膜发绀，心率加快。

2. 慢性瘤胃臌气：多为继发性和非泡沫性。发病缓慢，常呈周期性或间歇性臌气，按压腹壁紧张性较低。病羊食欲减退，瘤胃蠕动减弱，反刍减缓。严重时呼吸困难，但病轻时又转为平静，病羊表现为消瘦、精神不振、被毛粗乱，间歇性腹泻和便秘。

二、预防措施

根据病史和临床症状，就可以对该病做出初步诊断，该病的预防主要从饲养管理方面着手，具体有以下几点。

1. 防止羊采食过量的多汁、幼嫩的青草、豆科植物（如苜蓿）以及甘薯秧、马铃薯秧、甜菜等。

2. 禁止羊采食带有露水的草和有霜的草料。

3. 做好饲料保管和加工调制工作，严禁饲喂发霉腐蚀的饲料。

三、治疗方法

治疗该病主要是想办法给瘤胃排气减压，制止瘤胃发酵，恢复瘤胃功能。下面介绍的几种治疗方法，必须请专业兽医操作，没有经过专业训练的养羊户最好不要亲自操作，以防出现不测。

1. 放气

臌气严重的病羊要用套管针进行瘤胃放气。在左肷部剪毛、消毒，然后用兽用 15 号针头刺破皮肤，插入瘤胃放气。在放气中要紧压腹壁，紧贴瘤胃壁，边放气边下压，以防胃液漏入腹腔引起腹膜炎。气体停止排出时，可向瘤胃注入消气灵 10~30 毫升，如果放气不畅，瘤胃有大量泡沫时，向瘤胃注入植物油 100~500 毫升，反复按压左肷部，气体慢慢排出，臌气消失。

2. 灌服药物或油类

对臌气不太严重的羊，灌服消气灵 10~30 毫升，或将液状石蜡油 200~500 毫升加水 1000 毫升灌服。为抑制瘤胃内容物发酵，可灌服鱼石脂 5~10 克，福尔马林 5 毫升（配成 1%~2%的溶液）。

3. 静脉注射药物

（1）促进嗳气，恢复瘤胃功能。静脉注射促反刍液 100 毫升和10%安钠咖 5~10 毫升。

（2）调整瘤胃酸碱度。静脉注射 5%碳酸氢钠 100~250 毫升。

（3）促进瘤胃蠕动。肌肉注射维生素 B_1 注射液 5~10 毫升；还可皮下注射 2% 毛果芸香碱溶液 1 毫升。

4. 中药治疗

可用枳实消瘤散加减治疗，取枳实、厚朴、莱菔子、木香、白术各10 克，神曲、山楂、大黄各 9 克，茴香 15 克，芒硝 20 克，另加植物油100 毫升，1 次灌服，一般情况下，2~3 次就可治愈。

第二节　羊瘤胃积食

羊瘤胃积食主要是由于绵羊贪食大量容易膨胀的饲料，如豆秸、苜蓿、紫云英、麦秸、麸皮、棉料饼、豆渣等，缺乏饮水，使食入的内容物停滞和阻塞，使前胃（瘤胃、网胃、瓣胃）的兴奋性降低，导致瘤胃运动和消化障碍，引起羊脱水、毒血症的一种疾病。老龄母羊较易发病。长期舍饲的羊，由于变换饲料，采食了难以消化的干枯饲料，也易导致瘤胃积食。此外，该病还可继发前胃弛缓、瓣胃阻塞、创伤性网胃炎、腹膜炎、皱胃炎及皱胃阻塞等疾病。瘤胃积食引起的急性消化不良，可使碳水化合物在瘤胃中形成大量乳酸，导致机体酸中毒。

一、临床症状

患病初期，食欲差，反刍减少，鼻镜干燥，口舌赤红，后期口舌青紫，粪干色暗，有时排少量稀软恶臭的粪便。弓腰低头，四肢集于腹下，摇尾，顾腹不安，用后肢或头角撞击腹部，腹围膨大。触诊瘤胃，患羊表现疼痛，胃内容物呈面团状。听诊时病初瘤胃蠕动音增强，然后减弱或消失。病情严重时，呼吸困难，结膜发红，脉搏加快，体温一般正常。病后期，病羊体力衰竭，四肢无力，步态不稳，有时卧地呈昏睡状态。视力障碍，眼窝下陷，血液浓缩。

二、治疗方法

该病的治疗原则是，排出积食，抑制发酵，兴奋瘤胃、恢复功能。在病情严重、用药物治疗不能达到目的时，迅速进行瘤胃切开手术，进行急救。

1. 洗胃

洗胃主要用于轻度瘤胃积食的治疗。首先停止饲喂，按摩瘤胃 20 分钟，用开口器打开口腔，将胃管慢慢从口腔插入食道，待胃管走入瘤胃内，放低羊头，胃内容物即会流出。当无内容物流出时，将管口抬高，接上漏斗，慢慢灌入大量温水，并多次抽动胃管，再将管口放低，稀释的胃内容物即可流出。按上述方法冲洗数次，最后再灌入大量温水，并加入碳酸氢钠 20~50 克、食盐 10~20 克，然后将胃管抽出。对心脏衰弱的羊慎用此法。

2. 药物治疗

重点选用瘤胃兴奋剂和泻剂。可根据羊的具体情况和症状选用以下几种疗法。

（1）消导下泻。可用液体石蜡油 100 毫升、人工盐或硫酸镁 50 克、芳香氨脂 10 毫升，加水 500 毫升，一次灌服。

（2）止酵防腐。可用鱼石脂 1~3 克、陈皮酊 20 毫升，加水 250 毫升，一次灌服。

（3）纠正酸中毒。取 5%碳酸氢钠注射液 100 毫升、5%葡萄糖注射液 200 毫升，一次静脉注射；取 11.2%的乳酸钠注射液 30 毫升，一次静脉注射；取 5%碳酸氢钠注射液 100~500 毫升、5%葡萄糖注射液 250~500 毫升、生理盐水 250~500 毫升，25%甘露醇注射液 50 毫升、40%乌托品注射液 10 毫升和 25%葡萄糖注射液 50 毫升，一次静脉注射。

（4）兴奋瘤胃。皮下注射 2%硝酸毛果芸香碱溶液 1 毫升。

（5）中药治疗。中兽医认为胃腑实积，宜破积导滞，以攻下泻实为主。取厚朴 10 克、大黄 20 克、枳实 10 克、牵牛子 10 克、槟榔 6 克，芒硝 40 克，将上述前 5 味药用水煎 2 次，加入芒硝溶解后灌服。

第三节　羊胃肠炎

羊胃肠炎是胃肠黏膜及其深层组织的出血性或坏死性炎症。多因饲养管理不善造成。羊采食大量的冰冻、发霉饲料及化肥、饮用不洁饮水、服用过量驱虫药或泻药、圈舍潮湿等均可引起羊胃肠炎。该病还可由羊副结核、巴氏杆菌病、羊快疫、羊肠毒血症、炭疽及羔羊大肠杆菌病继发。所以羊胃肠炎是羊的一种经常性常见疾病之一，在养羊业生产中经常会遇到。

一、临床症状

病羊食欲减少或废绝，口腔干燥发臭，舌有黄厚苔，伴有腹痛。初期肠音增强，其后减弱或消失。排稀便或水样便，粪便腥臭，粪中混有血液、黏液、坏死脱落的组织片。病羊脱水严重、少尿、眼窝下陷、皮肤弹性降低、消瘦。当虚脱时病羊卧地、脉搏细微、心力衰竭、四肢冰凉、昏睡而死。

二、预防措施

该病可根据病史和临床症状，做出初步诊断。主要通过加强饲养管理预防该病。平时不要饲喂发霉变质和冰冻不洁的饲料。不要突然更换饲料，如果更换饲料则要新、旧饲料搭配，逐渐更换，同时要供给充足的清洁饮水。

三、治疗方法

1. 消炎

羊胃肠炎病是胃肠道黏膜的发炎，在治疗时要把消炎作为主要任务进行，常用的消炎药有以下几种。

（1）取磺胺咪唑 4~8 克、土霉素 4 片（每片 25 单位）、小苏打 3~5 克，加水适量一次灌服。

（2）取黄连素片 15 片、氟哌酸片 2 片（每片 0.2 克）、药用炭 7 克、萨罗尔 24 克、次硝酸铋 3 克，一次灌服。

（3）取菌必治 2~4 克溶解于 250 毫升生理盐水中，或取环丙沙星注射液（0.4 克）200 毫升，一次静脉注射。

2. 补液

由于羊拉稀，羊体脱水是不可避免的，所以在治疗羊胃肠炎时，注意给羊输液是必不可少的措施。对脱水严重的羊，取 5% 葡萄糖注射液 300 毫升、生理盐水 200 毫升、5% 碳酸氢钠 100 毫升，混合后一次静脉注射。对腹泻严重的羊，可皮下注射 1% 硫酸阿托品注射液 2 毫升。

3. 中药治疗

取白头翁 12 克、秦皮 9 克、黄连 2 克、黄芩 3 克、大黄 3 克、栀子 3 克、茯苓 6 克、泽泻 6 克、郁金 9 克、木香 2 克、山楂 6 克，水煎后一次灌服，每日一剂，连服 2~3 次，即愈。

第四节　羊异食癖

羊异食癖是一种由于羊营养缺乏引起的一种代谢功能紊乱性疾病。由于羊代谢功能紊乱，使羊的味觉异常，常采食一些非食用类物质(如塑料、皮毛、土渣等)。该病多是由于饲草品质极差，缺乏各种维生素、微量元素和蛋白质，易造成羊消化功能和代谢功能紊乱，致使味觉异常，而发生异食癖。另外羊患慢性消化不良、寄生虫病、软骨症和其他影响消化的疾病，也会引起异食行为。饲料饲喂不足、饲料品种单一、粗饲料过粗、圈舍面积小或通风采光不良、羊群运动量不足或过分拥挤均可导致异食现象。

一、临床症状

病羊舔食粪便污染的饲料或垫草。啃咬墙壁、饲槽、砖及瓦块等，前期对外界刺激的敏感性增高，以后迟钝。随着时间的延长，出现精神不振、食欲下降、身体消瘦、眼窝下陷、被毛粗糙等症状，严重贫血后会导致死亡。

二、预防措施

1. 供给足够的多样化饲料。按照羊的营养需要供给配合饲料，最好供给全混合日粮，尤其要重视日粮蛋白质、微量元素和维生素的供应，保证营养物质的全面合理。

2. 喂料要定时、定量、定饲养员，禁止饲喂冰冻和霉变饲料。

3. 注意青绿饲料或青贮饲料的供给。

4. 合理安排羊群密度。

5. 搞好环境卫生，清除羊舍、运动场内的塑料、绳头、木片和铁钉等杂物，以免让羊误食。

6. 对有寄生虫病史的羊群要定期驱虫。

三、治疗方法

结合发病症状与生产实际，根据饲养管理水平、日粮营养成分以及环境条件等，认真分析发病原因，及时调整日粮组成，注意各种营养成分的满足供给和平衡供给。

1. 对缺钙绵羊，要补充钙盐或磷酸氢钙；对缺盐羊，供给食盐或人工盐。

2. 微量元素缺乏时，按推荐量添加微量元素添加剂（如含硒微量元素添加剂）。

3. 对缺乏各种维生素的羊群，要添加多种维生素添加剂，添加的量和品种要尽量多一些。

4. 调节瘤胃的内环境。取酵母片 20 片、生长素 4 克、胃蛋白酶 5 片、苍术末 10 克、麦芽粉 20 克、石膏粉 5 克、滑石粉 5 克、复合维生素 B₃ 片、人工盐 10 克，以上各种药物混合后灌服，每日 1 剂，连用 5 天。

第五节　羊支气管肺炎

羊支气管肺炎是支气管与肺小叶或肺小叶群同时发生的炎症。通常是由于受寒感冒，机体抵抗力减弱，受病原菌的感染或直接吸入含有刺激性的有毒气体、霉菌孢子、烟尘等而致病。此外，本病也可由口蹄疫、乳房炎、子宫炎和肺线虫病继发。

一、临床症状

病羊咳嗽，食欲减退，精神不振，体温 40℃以上，呈弛张热型，脉搏加快，呼吸困难，表现短而干的咳嗽，严重者可听到湿啰音，支气管内渗出物增多，叩诊胸部有局灶性浊音，听诊肺区有捻发音。若并发肺坏疽及心包炎时，病情急剧恶化，常导致全身中毒而死亡。

二、剖解变化

胸腔液呈褐红色至灰色，支气管腔有稠密而黏糊状的分泌物。肺脏坚实，呈红色至红褐色，肺泡内充满渗出液，肺的切面可见灰白色病灶，其中心部分有脓性软化物。

三、治疗方法

1. 抗感染

羊发生肺炎，往往会引起一些细菌的生长繁殖，而使肺部炎症进一步发展，所以治疗该病最重要的就是利用各种抗生素消除炎症。

（1）取 10%磺胺嘧啶注射液 5~20 毫升，肌肉注射。

（2）取氨苄青霉素 1~4 克，一次肌肉注射，每日注射 2 次，连续注射 2~3 天。

（3）取菌必治 0.5~2 克，溶于 500 毫升生理盐水中，一次静脉注射。

（4）取青霉素 80 万单位、0.5%普鲁卡因注射液 2~3 毫升，直接进行气管注射。

2. 对症治疗

针对病羊表现的临床症状，针对个别较严重的症状用药，缓减这些症状的表现。

（1）病羊体温过高时，用安乃近或安痛定注射液 5~10 毫升肌肉注射，每天 2 次。

（2）病羊发生干咳时，可给予镇咳祛痰剂，取氯化铵 15 克，酒石酸锑钾 0.4 克，杏仁水 2 毫升，加水混合灌服。

（3）对于心脏衰弱的病羊，可取 10%樟脑磺酸钠注射液 2~3 毫升，肌肉或皮下注射，每日 3 次。

（4）中药治疗。取麻黄 12 克、杏仁 15 克、生石膏 40 克（打碎先煎）、甘草 3 克、金银花 10 克、连翘 6 克，蒲公英 10 克、鱼腥草 10 克，水煎好后，候温灌服。

第六节　母羊流产

羊流产的原因极为复杂。如布鲁氏菌病、弯曲杆菌病、沙门氏菌病、子宫畸形、胎盘坏死、胎膜炎、肺炎、肾炎、有毒植物中毒、食盐中毒、农药中毒、矿物元素不足或过剩、维生素 A 和维生素 E 不足、饲料冰冻、霉变饲料、长途运输、过于拥挤、水草供应不均衡等都可导致母羊流产。所以，对于母羊流产要细心观察，全面分析，必要时借助兽医实验室检验，才能做出初步诊断，在养殖过程必须按照操作规范对母羊进行精心管理，才能达到预防本病，避免母羊流产的发生。

一、临床症状

突然发生流产者，一般无特殊表现。发病缓慢者，精神不佳，食欲减退，腹痛，努责，咩叫，阴门流出羊水，待胎儿排出后稍有安静。母羊发生隐性流产，即胎儿不排出体外，自行溶解，溶解物有时排出子宫外，有时胎骨留在子宫内。受伤的胎儿常因胎膜出血和剥离，于数小时或数天后才能排出。

二、诊断方法

根据病史和临床症状可做出初步诊断。也可采取流产胎儿的胃内容物、胎衣和胎儿，送兽医实验室做细菌镜检和培养；还可做血清学检查，可确认引起流产的病原。

三、预防措施

1. 定期给母羊接种疫苗，控制由传染病引起的流产，特别是对布鲁氏菌病要定期检查，淘汰检测出的阳性羊。

2. 每年春、秋两季定期给母羊驱虫，控制和降低羊只体内外寄生虫的危害。对疑似病羊的分泌物、排泄物及被污染的土壤、场地、圈舍、用具和饲养人员衣物等进行消毒无菌处理。

3. 加强饲养管理水平，防止羊群拥挤、缺水或饮用冰凉水、采食毒草和霜草、遭受风寒等。对妊娠后期母羊要提高饲料标准，补充矿物质元素和多种维生素。

四、治疗方法

1. 有先兆性的流产。治疗原则以安胎、抑制子宫收缩为原则，可取孕酮 10~30 毫克，肌肉注射，每日 1 次，连用 5 次。

2. 对于胎儿已干尸化的病例，先注射雌激素 5 毫克，连用 3 天，第二天注射氯前列烯醇 0.1 毫克，第三天观察注射催产素的反应情况，在产道及子宫灌入润滑剂后进行助产。有时需要截胎，甚至剖宫产才能解除。

3. 胎儿浸溶。可分别注射雌激素和催产素，用青霉素 160 万单位、链霉素 100 万单位、生理盐水 1500 毫升冲洗子宫。病羊发热时，静脉注射头孢曲松钠 1~2 克和生理盐水 500 毫升。

第七节　母羊胎衣不下病

母羊胎衣不下是指母羊分娩 14 小时后仍未排出胎衣的一种疾病，主要原因是母羊妊娠后期运动不足、饲料品质差、缺少矿物质和维生素、母羊瘦弱、胎儿过大、难产和助产操作不当等，都可以引起子宫收缩弛缓或乏力，胎衣不下。

一、临床症状

母羊常表现弓腰努责，食欲减少，精神较差，体温升高，呼吸及脉搏增快。胎衣久久不下，有时胎衣发生腐败，从阴门中流出污红色腐败恶臭的恶露，其中掺杂有灰白色未腐败的胎衣碎片，部分胎衣从阴门中流出，垂于后肢关节部。

二、预防措施

1. 平时加强妊娠母羊的营养供给，尤其注意日粮中钙、磷和维生素 A、维生素 D 的补充。

2. 平时做好布鲁氏杆菌病的防治工作。

3. 分娩时保持环境清洁和安静，特别要做好分娩房的消毒工作。

4. 分娩后让母羊舔食干羔羊身上的液体，尽早让羔羊吃上初乳。并给母羊准备一盆加有麸皮等易消化的饲料，使母羊补充足够的水分，尽快恢复体力。

三、治疗方法

1. 对于分娩后，胎衣滞留时间不超过 24 小时的母羊，可肌肉注射催产素或麦角新碱注射液 1 毫升。

2. 对于用药 48 小时仍无效果的羊，应立即手术治疗取出胎衣。手术后向子宫注入抗生素，如将土霉素 2 克溶于 100 毫升温生理盐水，注入子宫内。

3. 对于体温升高的羊，要注意消炎防感染，可肌肉注射青霉素 240 万单位、链霉素 100 万单位。也可取头孢曲松 1~2 克，溶入 500 毫升 5% 葡萄糖中，静脉注射。

4. 中药治疗：中兽医治疗以补气益血为主，佐以行滞祛瘀。

处方一：取炒川芎 10 克、酒当归 10 克、五灵脂 10 克、赤芍 10 克、生黄芪 20 克、党参 20 克、红花 6 克、益母草 20 克、桃仁 9 克、乳香 10 克、生姜 10 克、艾叶 12 克、炙甘草 6 克、生蒲黄 10 克，研为细末，温水灌服。

处方二：取中成药生化汤丸 10~15 丸，温水 1 次灌服。

第八节　羔羊硒缺乏病

中国大西北地区都是缺硒地区，特别是现在舍饲养殖的羊，由于羊采食不到各种青草，所以羊普遍有点缺硒，生产的羔羊也会经常出现硒缺乏的病。羔羊缺硒病，其发病原因主要是母羊饲草、饲料中硒缺乏、维生素 E 缺乏，导致母乳中缺乏硒和维生素 E，不能满足羔羊生长发育的需要。

一、临床症状

本病 2 月龄以内的羔羊容易发生。患病羔羊表现为拱背、四肢无力、运动困难、喜卧地。有时呈现强直性痉挛状态，随即出现麻痹、血尿、昏迷、呼吸困难。有时羔羊病初难以发现症状，往往由于惊动、剧烈运动或过度兴奋而突然死亡，应用其他药物治疗不能控制病情。

二、剖解变化

死后剖检时发现骨骼肌苍白，营养不良，膀胱中尿液呈红褐色，尿中含蛋白质和糖（手指搓时有黏稠感）。

三、诊断方法

根据地方缺硒病史、临床症状（如运动障碍、心脏衰竭、渗出性物质、神经功能紊乱等）以及特征性病理变化可以初步做出诊断。

四、预防措施

在缺硒地区养羊，要注意在饲料中添加硒。母羊在配种前和妊娠后分别肌肉注射亚硒酸钠、维生素 E 注射液 4~6 毫升。羔羊在 20 日龄时肌肉注射亚硒酸钠、维生素 E 注射液 1~2 毫升，间隔 20~30 天再注射 1 次。

五、治疗方法

如果羔羊已经发病，治疗的方法同上。也是给病羔肌肉注射亚硒酸钠、维生素 E 注射液 1~2 毫升，间隔 20~30 天再注射 1 次。

第九节 羊酸中毒

羊酸中毒是羊采食了过多的精饲料，突然改变日粮和饲养方式、日粮结构不合理等原因，可使瘤胃产生过多的乳酸，因而引起瘤胃微生物区和系统失调、功能紊乱，（即乳酸中毒）。所以，瘤胃酸中毒是一种代谢性疾病。日粮中谷物类型和加工方法不同，酸中毒发生的概率也不同。玉米通常因为适口性好、热能高，大量用于动物配合饲料中。但玉米的淀粉含量高达70%~75%，淀粉在羊瘤胃中发酵速度快，发酵程度高，产生大量乳酸。当玉米的饲喂量达到每千克体重60~80克时，羊就会出现酸中毒，每千克体重玉米的饲喂量达到100克，可视为致死量。在相同喂量条件下，小麦和大麦比玉米更容易引起酸中毒。

一、临床症状

羊发生瘤胃酸中毒的症状有轻重缓急的差别。急性发作的病羊，一般喂料前食欲、泌乳正常，喂料后不愿走动，行走时步态不稳、呼吸急促、气喘、心跳加快，常于发病后3~5小时内死亡。死前张口吐舌，甩头蹬腿，高声咩叫，从口中流出泡沫样含血液体。发病缓慢的羊只，病初兴奋撺头，后转为沉郁，食欲废绝，目光无神，眼结膜充血，眼窝下陷，表现出严重的脱水状态；部分母羊产羔后瘫痪卧地、呻吟、流涎、磨牙、眼睑闭合，呈昏睡状态，左腹部膨胀，用手触之，感到瘤胃内容物较软，犹如面团，多数病羊体温正常；少数发病初期或后期体温稍有升高。大部分病羊表现口渴，喜欢饮水，尿少或无尿，并伴有腹泻症状。

二、预防措施

1. 控制淀粉的进食。由于淀粉在瘤胃中的发酵速度快且发酵程度高，因此控制淀粉的摄入是防止瘤胃酸中毒的主要技术措施。在生产中如果需要增加饲料，必须通过递增法逐步增加到计划饲喂量，使瘤胃能够逐渐适应饲料的变化。此外，将发酵速度不同的几种谷物饲料以适当比例搭配使用。

2. 中和瘤胃中产生的部分有机酸。酸中毒是瘤胃中有机酸的积累过多而造成的。因此通过增加进入瘤胃的碱性物质或缓冲物质、增加以产生碱性物质或缓冲物质的饲料原料来中和瘤胃产生的大量有机酸。目前最常用的措施是在日粮中直接添加0.5%~1%的碳酸氢钠（小苏打）等缓冲剂和增加日粮中有效中性纤维的含量。在此要注意碳酸氢钠0.5%~1%

的比例，是指羊当天采食的干物质为基础的含量。

3. 在日粮中适当增加高纤维饲料（如农作物秸秆）。

三、治疗方法

1. 对症状轻的羊，取碳酸氢钠 30~50 克，人工盐 20~30 克，拌入饲料中饲喂，或置于饲槽中让病羊自由采食。

2. 对病情严重的羊，取 50% 葡萄糖液 80 毫升，葡萄糖生理盐水 500 毫升、10% 安钠咖注射液 5 毫升、5% 碳酸氢钠注射液 100~300 毫升混合静脉注射，每日 1 次。灌服人工盐 10 克、姜酊 10 毫升、复方龙胆酊 10 毫升，每日 2 次。

3. 对于出现神经症状的羊，静脉注射 20% 甘露醇注射液或 25% 山梨醇注射液 250 毫升。

第八章　养殖场的消毒

第一节　消毒的相关概念

消毒是采用物理的、化学和生物的方法，使蛋白质变性，酶失活，遗传物质损坏或细胞的渗透性改变，杀灭或清除外环境中各种病原微生物，从而达到防止传染病发生、传播和流行的目的。消毒一般以杀灭和清除率达到90%为合格。所谓"外环境"除包括无生命的液体、气体和固体物表面外，也包括有生命的动物机体的体表和浅表体腔。

兽医消毒是在"预防为主"的前提下，为减少养殖环境中病原微生物对动物机体的侵袭，避免或控制动物疫病的发生与流行，将养殖环境、动物体表、用具或动物产品中的病原微生物杀灭或清除的方法。

用于杀灭外环境中病原微生物的化学药物称为消毒剂。

用物理方法进行消毒的器械或能产生化学消毒剂的器械称为消毒器。

一、消毒的方法

通常采用的消毒方法有机械性消毒法、物理消毒法、化学消毒法、生物消毒法等。

1. 机械性消毒

指使用机械性的方法如清扫、冲洗、通风等清除病原体，这是最常用最普通的消毒方法。

2. 物理消毒

指使用物理因素，包括阳光、紫外线照射及干燥、高温、煮沸、蒸汽、火焰烧灼和烘烤等，杀死或清除病原微生物及其他有害微生物的方法。常用的物理消毒法有自然净化、机械除菌、热力灭菌、辐射灭菌、超声波消毒、微波消毒等6种。

3. 化学消毒法

指使用化学药品的喷雾、熏蒸、浸泡、涂擦、饮用等方法消灭病原微生物的消毒方法。

4. 生物消毒法

指利用微生物间的节制作用，或用杀菌性植物进行消毒。即利用一些微生物的生长过程中形成的环境条件（如高温或酸性等）来杀死或消灭病原体的一种方法。常用的是发酵消毒法，主要用于污染粪便的无害化处理，如粪便堆积发酵。

第二节 消毒药物

一、消毒药种类

(一) 碱性消毒药

包括氢氧化钠（又称火碱、烧碱、苛性钠）、生石灰及草木灰，它们都是直接或间接以碱性物质对病原微生物进行杀灭作用。消毒原理是水解病原微生物的蛋白质和核酸，破坏其正常代谢，最终达到杀灭病原微生物的效果。

1. 氢氧化钠（火碱）

对纺织品及金属制品有腐蚀性，故不宜对以上物品进行消毒，而且对于其他设备、用具在用烧碱消毒半天后，要用清水进行清洗，以免烧伤动物蹄部或皮肤。

2. 草木灰

新鲜的草木灰含有氢氧化钾，通常在雨水淋湿后，能渗透到地面，常用于动物场地的消毒，特别是对野外场地的消毒，这种方法可以既做到清洁场地，又能有效地杀灭病原微生物。

3. 生石灰

溶于水之后变成氢氧化钙，同时又产生热量，通常配成 10%~20% 的溶液对动物养殖场的地板或墙壁进行消毒。另外生石灰也用于对病死动物尸体的无害化处理，其方法是在掩埋病死动物时先撒上生石灰，再盖上泥土，能够有效地杀死病原微生物。

(二) 强氧化剂型的消毒药

常用的有过氧乙酸和高锰酸钾，它们对细菌、芽孢和真菌有强烈的杀灭作用。

1. 过氧乙酸

消毒时可配成 0.2%~0.5% 的浓度，对动物栏舍、饲料槽、用具、车辆、食品车间地面及墙壁进行喷雾消毒，也可以带动物消毒，但要注意因为容易氧化，所以要现配现用。

2. 高锰酸钾

是一种强氧化剂，遇到有机物即起氧化作用，不仅可以消毒，又可以除臭，低浓度时还有收敛作用，动物饮用常配成 0.1% 的水溶液，治疗胃肠道疾病；0.5% 的溶液可以消毒皮肤、黏膜和创伤，用于洗胃和使毒物氧化而分解，高浓度时对组织有刺激和腐蚀性；4% 的溶液通常用来消毒饲料槽及用具，效果显著。

(三) 新洁尔灭

是一种阳离子表面活性剂，既有清洁作用，又有抗菌消毒作用，它的特点是对动物组织无刺激性、作用快、毒性小，对金属及橡胶均无腐蚀性，但价格较高。0.1% 溶液用于器械用具的消毒，0.5%~1% 溶液用于手术的局部消毒。但要避免与阴离子活性剂（如肥皂等）共用，否则会降低消毒的效果。

（四）有机氯消毒剂

包括消特灵、菌素净及漂白粉等。它们能杀灭细菌、芽孢、病毒及真菌，杀菌作用强，但药效持续时间不长。主要用于动物栏舍、栏槽及车辆等的消毒。另外，漂白粉还用于对饮水的消毒，但氯制剂对金属有腐蚀性，久贮失效。

（五）复合酚

又称消毒灵、农乐多，可以杀灭细菌、病毒和霉菌，对多种寄生虫卵也有杀灭效果。主要用于动物栏舍、设备器械、场地的消毒，杀菌作用强，通常施药一次后，药效可持续 5~7 天。但不能与碱性药物或其他消毒药混合使用。

（六）双链季胺酸盐类消毒药

如百毒杀，它是一种新型的消毒药，具有性质比较稳定，安全性好，无刺激性和腐蚀性等特点。能迅速杀灭细菌、病毒、霉菌、真菌及藻类致病微生物，药效持续时间为 10 天左右，适合于饲养场地、栏舍、用具、饮水器、车辆、孵化机及种蛋的消毒。另外，也可用于对动物的场地消毒。

二、消毒药物的选择原则

1. 广谱杀病菌。对各种病原微生物有强大杀灭作用。

2. 药效显著，不受外部环境的干扰和影响，有强大的耐硬水性能，对环境有较强的适应能力，穿透力强，有较高的抗有机质的性能，作用迅速。

3. 水溶性好，性质稳定，不易氧化分解，不易燃易爆，适于贮存。

4. 附着力，渗透性强大，能长时间驻留在消毒物品表面，并可有效渗入裂缝、角落，发挥全面消毒功效。

5. 腐蚀性、刺激性小，减少对金属、塑料、木材以及动物皮肤、黏膜的损害。

6. 对环境污染小，价格低廉，易于操作。

三、常用消毒药的配制与使用

1. 草木灰（20%~30%）

取筛过的草木灰 10~15 千克，加水 35~40 千克，搅拌均匀后，持续煮沸 1 小时，补足蒸发的水分即成。主要用于圈舍、运动场、墙壁及食槽的消毒。应注意水温在 50℃~70℃时效果最好。

2. 石灰乳（10%~20%）

取生石灰 5 千克加水 5 千克，待化为糊状后，再加入 40~45 千克水即成。用于圈舍及场地消毒，现配现用，搅拌均匀。

3. 石灰粉（氧化钙）

取生石灰块 5 千克，加水 2.5~3 千克，使其化为粉状，或直接取市售的袋装石灰粉。主要用于舍内地面及运动场的消毒，兼有吸潮的作用。

4. 火碱（氢氧化钠 2%）

取火碱 1 千克，加水 49 千克，充分溶解后即成 2%的火碱水。常用于病毒性疾病的消毒，如口蹄疫、猪瘟。因有强烈的腐蚀性，应注意不要用于金属器械及纺织品的消毒，更应避免接触到动物皮肤。

5. 漂白粉（次氯酸钠）

取漂白粉 2.5~10 千克，加水 47.5~50 千克，充分搅拌均匀，即成为 5%~20%的漂白粉混悬液。能杀灭细菌、病毒及炭疽芽孢。用于圈舍、饲槽及排泄物的消毒。易潮湿分解，应现配现用。因具有腐蚀性，要避免用于金属器械的消毒。

6. 5%来苏儿

取来苏儿液 2.5 千克，加水 47.5 千克，拌匀即成。用于圈舍、用具及场地的消毒，但对结核菌无效。

7. 10%臭药水（克辽林）

取臭药水 5 千克，加水 45 千克，搅拌均匀后即成 10%的乳状液。用于圈舍、场地及用具的消毒。3%的溶液可驱除体外寄生虫。

8. 70%~75%酒精

取95%的酒精1000毫升，加水295~391毫升，即成70%~75%浓度的酒精，用于皮肤、针头、体温计的消毒。易燃烧，不可接近火源。

9. 5%碘酒

碘片5克，碘化钾2.5克，先加适量的酒精溶解后，再加入95%的酒精到100毫升。外用有强大的杀菌力，常用于皮肤消毒。

四、消毒的种类

（一）预防性消毒

指尚未发生动物疫病，结合日常饲养管理对可能受到病原微生物或其他有害微生物污染的场合、用具、场地、饮水以及动物群等进行的消毒。可分为日常消毒、即时消毒和终末消毒。

1. 日常消毒

也称为预防性消毒，是根据生产的需要采取各种消毒方法在生产区和动物群中进行的消毒。主要有日常定期对圈舍、道路、动物群的消毒，定期向消毒池中投放消毒剂等；临产前对产房、产栏及临产动物的消毒，对幼仔的断脐、剪耳号、断尾、去势时的局部消毒；人员、车辆出入栏舍、生产区时的消毒；饲料、饮用水及空气的消毒；器械如体温计、注射器、针头等的消毒。

2. 即时消毒

又称随时消毒，是当动物群中有个别或少数动物发生一般性疾病或突然死亡时，立即对其所在的圈舍进行局部强化消毒，包括对发病或死亡动物的消毒及无害化处理。

3. 终末消毒

也称为大消毒，是采用多种消毒方法对全场和部分圈舍进行全方位的彻底清理与消毒。主要用于全进全出空栏后的消毒。

(二) 疫源地消毒

指对存在着传染病或曾经存在过传染病的场地、用具、圈舍和饮水等进行的消毒。疫源地消毒的目的是杀灭并清除传染源，包括紧急防疫消毒和终末大消毒。

1. 紧急防疫消毒

在动物疫情发生后至解除封锁前的一段时间内，对养殖场、圈舍、动物排泄物及其污染的场所、用具等及时进行的消毒措施。

2. 终末大消毒

待全部发病动物及可疑动物经无害化处理完毕，经过一定时间再没有新的病例发生，在疫区解除封锁之前，为了消灭疫区内可能残留的病原体，所进行的全面彻底的大消毒。

第三节　养殖场各工作环节的消毒

一、圈舍及用具的消毒

对养殖圈舍，在清扫前关闭圈门窗，用清水将地面喷湿，再彻底清扫，清除的污物堆积在一定的地方做生物热发酵处理。然后根据情况，选用消毒液对大棚、门窗、墙壁、栏柱等进行喷雾消毒，饲槽用消毒液进行洗刷。经 2~3 小时后打开门窗通风，用清水冲洗。常用消毒液有 2%~4% 氢氧化钠溶液、2%~3% 福尔马林、3%~5% 来苏儿溶液、10%~20% 石灰乳、30% 草木灰水及菌毒敌等酚制剂、百毒杀、百菌灭等双季胺盐类制剂、灭毒净等有机酸制剂、5%~2% 漂白粉溶液、强力消毒灵等高效氯制剂。定期对保温箱、补料槽、饲料车、料箱等进行消毒。一般先将用具冲洗干净后，用 0.1% 新洁尔灭或 0.2%~0.5% 过氧乙酸消毒，然后在密闭的室内进行熏蒸。对于养殖场垫料，可以通过阳光照射的方法进行。这是一种最经济、最简单的方法，将垫料等放在烈日下，曝晒 2~3 小时，能杀灭多种病原微生物，对于少量的垫草，可以直接用紫外线照射 1~2 小时，可以杀灭大部分微生物。

二、屠宰加工间的消毒

每天生产完毕后将地面、墙壁、通道、台桌、用具、衣帽等彻底清扫，并用热水洗刷消毒，必要时选用适当的消毒液重点消毒。生产车间应有定期消毒制度。消毒的方法是彻底洗刷和清扫后，用含有效氯 5%~6% 的漂白粉溶液或 2%~4% 的热烧碱溶液进行消毒。喷洒药液后应保留一定时间或延长下次生产前用清水冲洗干净，并加强通风。

三、土壤的消毒

对圈舍、活动场地的土壤一般应先铲除表土，清除粪便和垃圾，将其堆积发酵消毒。小面积的土壤消毒可用 3%~5% 来苏儿、2%~4% 氢氧化钠溶液、10%~20% 漂白粉溶液、10%~20% 石灰乳、30% 草木灰等，用量按每平方米 1 千克计算。

炭疽病或其他有芽孢病原菌污染的场地，应先用含 5% 有效氯的漂白粉、4% 福尔马林或 10% 氢氧化钠溶液彻底消毒后，铲除表土（约 20 厘米），然后再消毒一次，铲除的表土、粪便、垃圾予以焚烧。

四、粪便消毒

有焚烧法、掩埋法、化学消毒法及生物发酵法 4 种。其中生物发酵法是常用的粪便消毒法，既能保证粪不失肥效，又能达到消毒的目的。

五、皮毛、骨的消毒

皮毛的消毒是控制和消灭炭疽病的重要措施之一，也是使其他传染病皮毛无害的最有效手段。常用的消毒方法有盐酸食盐溶液消毒法、福尔马林熏蒸消毒法、环氧乙烷气体熏蒸消毒法等。

第四节 消毒效果的影响因素及措施

消毒药的作用，不仅取决于其自身的理化性质，而且受许多因素的影响。概括起来有以下几种。

一、影响消毒效果的因素

1. 病原微生物的类型和数量

不同的病原微生物，对消毒液的敏感性有很明显的不同，如能形成芽孢的微生物，对消毒药敏感性差，因而所用药物的浓度及作用时间要增加；病毒对碱性和甲醛很敏感，而对酚类抵抗力却很强；乳酸杆菌对酸的抵抗力强。大多数消毒药对细菌有作用，但对细菌的芽孢和病毒作用很小，因此，在消灭传染病时，考虑病原微生物的特点，正确选用消毒药。同时，消毒对象的病原微生物污染数量越多，则消毒越困难。因此，对严重污染物品或高危区域，应加大消毒剂量，延长消毒剂的作用时间，并适当增加消毒次数，这样才能达到良好的消毒效果。

2. 环境中有机物的存在

当环境中存在大量的有机物，如动物粪便、尿、血、炎性渗出物等，这些有机物就会覆盖于病原体表面，阻碍消毒药直接与病原微生物的接触，从而影响消毒药效力的发挥。同时，这些有机物还能中和、吸附部分药物，使消毒作用减弱，如蛋白质能消耗大量的酸性或碱性消毒剂；阳离子表面活性剂等易被脂肪、磷脂类有机物所溶解吸收。因此，在使用消毒物之前，应进行充分的机械性清扫，清除消毒物品表面的有机物。而对大多数消毒剂来说，当存在有机物影响时，需要适当加大处理剂量或延长作用时间。

3. 消毒药浓度的影响

消毒液的浓度越高，杀菌力也就越强，但随着药物浓度的增加，对活组织的毒性也就相应地增大了。而当浓度达到一定程度后，消毒药的效力就不再增高。因此，在使用中应选择有效和安全的杀菌浓度，例如，70%的酒精杀菌效果比95%的酒精好。

4. 消毒液作用时间的影响

消毒药的效力与作用时间呈正相关，与病原微生物接触并作用的时间越长，其消毒效果就越好。若作用时间太短，往往达不到消毒的目的。

5. 环境酸碱度的影响

如季胺类消毒药，其杀菌作用随着 pH 值的升高而明显加强；苯甲酸则在碱性环境中作用减弱；戊二醛在酸性环境中稳定而在碱性环境中杀菌作用加强。在碱性环境中，菌体表面的负电荷增多，有利于阳离子表面活性剂发挥作用。

6. 环境温度的影响

消毒液的杀菌力与湿度呈正相关，温度升高，杀菌力增强，因而夏季消毒作用比冬季要强。一般温度每增高10℃，消毒效果增强1.5倍。因此，当温度升高时，可缩短药物作用时间或降低药物的浓度。

二、提高消毒效果的措施

1. 选择合格的消毒剂

要根据场内不同的消毒对象、要求及消毒环境条件等，有针对性地选购合格的消毒剂。消毒剂要具有价格低，易溶于水，无残毒，对被消毒物无损伤，对预防和扑灭的疫病有广谱、快速、高效消毒作用。另外，不要经常性地选择单一品种的消毒剂。因为长期使用单一品种，会使病原体产生耐药性。所以定期及时更换消毒剂，以保证良好的消毒效果。

2. 选择适宜的消毒方法

应用消毒药剂时，根据不同的消毒环境、消毒对象，选择对其可产生高效可行的消毒方法。如拌和、喷雾、浸泡、刷拭、熏蒸、撒布、涂擦、冲洗等。

3. 按要求科学配制消毒剂

市面出售的化学消毒药品，因其规格、剂型、含量不同，往往不能直接应用于消毒工作。使用前要严格按说明书要求配制实际所需的浓度。配制时要注意选择稀释后使消毒效果影响最小的水，稀释后适宜的浓度和温度等。

4. 设计科学的消毒程序

有些动物养殖场消毒效果差，主要是执行的消毒程序不科学。一般采用二次消毒程序能取得较好的消毒效果。具体是：第一次使用稀释好的消毒药剂直接进行消毒，待作用一定时间后，清洁被消毒物上的有机物质或其他障碍物质，再用消毒药剂重复消毒 1 次。这种二次消毒程序，既科学彻底，消毒效果又好。

第九章 养殖业政策法规

依法治国、规范化生产经营是中国各行各业的工作原则。近年来，在养殖业方面有许多法律、法规和地方性标准，为了便于广大读者学习和参考，在此，我们遴选了 6 个与养羊业有关的政策法规和地方标准，包括《中华人民共和国动物防疫法》《动物疫病病种目录》《食用动物禁用兽药及其他化合物清单》《畜禽养殖业污染物排放标准》《畜禽养殖场环境质量标准》《武威市肉羊生产技术规程》(试行)。

第一节 《中华人民共和国动物防疫法》解读

为了加强对动物防疫活动的管理，预防、控制和扑灭动物疫病，促进养殖业发展，保护人体健康，维护公共卫生安全，加强动物防疫工作，在认真总结动物防疫法实施尤其是成功防控高致病性禽流感实践经验的基础上，2007 年 8 月 30 日十届全国人大常委会第二十九次会议修订，自 2008 年 1 月 1 日起实施执行。

为适应深化简政放权、放管结合、优化服务改革的需要，2013 年 6 月 29 日十二届全国人大常委会第三次会议及 2015 年 4 月 24 日十二届全国人大常委会第十四次会议对个别条文进行修正。

现行动物防疫法共 10 章 85 条，包括总则，动物疫病的预防，动物疫情的报告、通报和公布，动物疫病的控制和扑灭，动物和动物产品的检疫，动物诊疗，监督管理，保障措施，法律责任。

与最初制定的法律条文相比，修改后的动物防疫法重点对动物免疫、检疫、疫情报告和处理等制度作了修改、补充和完善，并增加了动物疫情预警、疫情认定、无规定动物疫病区建设、执业兽医管理、动物防疫保障机制等方面的内容。

《中华人民共和国动物防疫法》（略）。由于该法内容丰富，篇幅较长，本书篇幅所限，原文不再附录，请广大读者购买该法的单行本认真阅读，也可以在网上下载学习。

第二节　动物疫病病种目录

随着国民经济的持续高速发展以及人民生活水平的提高，国际、国内市场对优质、安全、卫生的食用畜产品的需求量日趋增加。消费者对食品安全的关注日益密切，对畜产品的质量要求越来越高，畜产品的安全已成为社会广泛关注的焦点和热点。

根据动物疫病对养殖业生产和人体健康的危害程度，农业农村部确定实施强制免疫的动物疫病：有高致病性禽流感、高致病性猪蓝耳、口蹄疫、猪瘟等四种动物疫病。并根据《中华人民共和国动物防疫法》第十条规定公布了一、二、三类动物疫病病种名录。

动物疫病分为下列三类。

一类疫病，是指对人与动物危害严重，需要采取紧急、严厉的强制预防、控制、扑灭等措施的。

二类疫病，是指可能造成重大经济损失，需要采取严格控制、扑灭等措施、防止扩散的。

三类疫病，是指常见多发、可能造成重大经济损失，需要控制和净化的。

此名录的发布对畜牧业作为农村经济支柱产业和农民增收的重要来源，其健康发展对于确保畜产品质量安全、统筹城乡发展、繁荣农村经济、建设社会主义新农村具有十分重要的意义。

附：动物疫病病种目录

一、二、三类动物疫病病种名录

为贯彻执行《中华人民共和国动物防疫法》，中华人民共和国农业部公告第 1125 号，明确规定了《一、二、三类动物疫病病种名录》，结合中华人民共和国农业部公告第 1919 号和中华人民共和国农业部公告第 1663 号，现汇总动物疫病名录如下。

一类动物疫病

口蹄疫、猪水泡病、猪瘟、非洲猪瘟、高致病性猪蓝耳病、非洲马瘟、牛瘟、牛传染性胸膜肺炎、牛海绵状脑病、痒病、蓝舌病、小反刍兽疫、绵羊痘和山羊痘、高致病性禽流感、新城疫、鲤春病毒血症、白斑综合征、H7N9 禽流感（中华人民共和国农业部公告第 1919 号规定，对动物感染 H7N9 禽流感病毒，临时采取一类动物疫病的预防控制措施）。

二类动物疫病

多种动物共患病（9 种）：狂犬病、布鲁氏菌病、炭疽、伪狂犬病、魏氏梭菌病、副结核病、弓形虫病、棘球蚴病、钩端螺旋体病。

绵羊和山羊病（2 种）：山羊关节炎脑炎、梅迪－维斯纳病。

猪病（12 种）：猪繁殖与呼吸综合征（经典猪蓝耳病）、猪乙型脑炎、猪细小病毒病、猪丹毒、猪肺疫、猪链球菌病、猪传染性萎缩性鼻炎、猪支原体肺炎、旋毛虫病、猪囊尾蚴病、猪圆环病毒病、副猪嗜血杆菌病。

马病（5 种）：马传染性贫血、马流行性淋巴管炎、马鼻疽、马巴贝斯虫病、伊氏锥虫病。

禽病（18 种）：鸡传染性喉气管炎、鸡传染性支气管炎、传染性法氏囊病、马立克氏病、产蛋下降综合征、禽白血病、禽痘、鸭瘟、鸭病毒性肝炎、鸭浆膜炎、小鹅瘟、禽霍乱、鸡白痢、禽伤寒、鸡败血支原体感染、鸡球虫病、低致病性禽流感、禽网状内皮组织增殖症。

兔病（4 种）：兔病毒性出血病、兔黏液瘤病、野兔热、兔球虫病。

蜜蜂病（2 种）：美洲幼虫腐臭病、欧洲幼虫腐臭病。

鱼类病（11 种）：草鱼出血病、传染性脾肾坏死病、锦鲤疱疹病毒病、刺激隐核虫病、淡水鱼细菌性败血症、病毒性神经坏死病、流行性造血器官坏死病、斑点叉尾鮰病毒病、传染性造血器官坏死病、病毒性出血性败血症、流行性溃疡综合征。

甲壳类病（6 种）：桃拉综合征、黄头病、罗氏沼虾白尾病、对虾杆状病毒病、传染性皮下和造血器官坏死病、传染性肌肉坏死病。

三类动物疫病

多种动物共患病（8 种）：大肠杆菌病、李氏杆菌病、类鼻疽、放线菌病、肝片吸虫病、丝虫病、附红细胞体病、Q 热。

牛病（5 种）：牛流行热、牛病毒性腹泻/黏膜病、牛生殖器弯曲杆菌病、毛滴虫病、牛皮蝇蛆病。

绵羊和山羊病（6 种）：肺腺瘤病、传染性脓疱、羊肠毒血症、干酪性淋巴结炎、绵羊疥癣、绵羊地方性流产。

马病（5 种）：马流行性感冒、马腺疫、马鼻腔肺炎、溃疡性淋巴管炎、马媾疫。

猪病（4 种）：猪传染性胃肠炎、猪流行性感冒、猪副伤寒、猪密螺旋体痢疾、猪甲型 H1N1 流感（中华人民共和国农业部公告第 1663 号规定结合当前全国甲型 H1N1 流感防控实际，决定对国内猪感染甲型 H1N1 流感按三类动物疫病采取预防控制措施）。

禽病（4 种）：鸡病毒性关节炎、禽传染性脑脊髓炎、传染性鼻炎、禽结核病。

蚕、蜂病（7 种）：蚕型多角体病、蚕白僵病、蜂螨病、瓦螨病、亮热厉螨病、蜜蜂孢子虫病、白垩病。

犬猫等动物病（7 种）：水貂阿留申病、水貂病毒性肠炎、犬瘟热、犬细小病毒病、犬传染性肝炎、猫泛白细胞减少症、利什曼病。

鱼类病（7 种）：鲖类肠败血症、迟缓爱德华氏菌病、小瓜虫病、黏孢子虫病、三代虫病、指环虫病、链球菌病。

甲壳类病（2 种）：河蟹颤抖病、斑节对虾杆状病毒病。

贝类病（6 种）：鲍脓疱病、鲍立克次体病、鲍病毒性死亡病、包纳米虫病、折光马尔太虫病、奥尔森派琴虫病。

两栖与爬行类病（2 种）：鳖腮腺炎病、蛙脑膜炎败血金黄杆菌病。

第三节　食品动物禁用兽药及其他化合物清单

为规范养殖用药行为，保障动物源性食品安全，根据《兽药管理条例》，农业农村部制定了食品动物中禁止使用的药品和化合物清单，并于 2019 年 12 月 27 日以《中华人民共和国农业农村部公告第 250 号》（以下简称"清单"）发布，自发布之日起施行。食品动物中禁止使用的药品及化合物以本"清单"为准，原农业部公告第 193 号、235 号、560 号等文件中的相关内容同时废止。

2002 年以来，原农业部先后发布了多个文件，禁用清单历经多次补充（如原农业部公告 235 号、193 号、560 号、176 号、1519 号等），还包括多个停用公告（如 2292 号、2428 号、2583 号、2638 号等），涉及文件多而交叉，相关禁用品种范围不够清晰，且时间跨度大。对食品动物禁用药品种类认识不一致可能给使用和监管造成一定混乱，因此急需明确和规范。重新修订发布禁用"清单"意义重大：一是保障动物源性食品安全和公共卫生安全，确保养殖环节依法、科学、合理用药；二是为有效开展兽药执法监管工作提供有力支撑。

防范食品安全或公共卫生安全风险是药品品种遴选列入禁用"清单"的首要基本原则。禁用"清单"的品种均为已证实危害人类健康或存在较大食品安全风险和公共卫生安全风险的品种。目前国际上也都遵循这一原则制定禁用"清单"。

"清单"确定遵循以下遴选原则：一是明确或可能致癌、致畸且无安全限量的化合物，如克伦特罗、己烯雌酚、丙酸睾酮。二是有剧毒或明显蓄积毒性且无安全限量的化合物。三是性激素或有性激素样作用且无安全限量的化合物。四是非临床必须使用且无安全限量的精神类药物，如安眠酮。五是对人类极其重要，一旦使用可能严重威胁公共卫生安全的药物，如万古霉素。

注意"清单"替代了原235公告中附录4部分（禁止使用的药物，在动物性食品中不得检出）；注意与其他公告的替代和衔接，系统地掌握标准；在使用兽药禁用"清单"和兽药残留限量标准时，还需充分了解制定背景和相关配套法律法规动态，如《饲料和饲料添加剂管理条例》《兽药管理条例》《饲料药物添加剂使用规范》《兽药停药期规定》《药品管理法》及兽药产品批准文号数据等；对不合格指标解读时，要注意禁用、停用、超范围使用（蛋鸡产蛋期禁用和乳畜泌乳期禁用）、允许治疗用但不得检出的区别；日常还要收集兽药类风险评估信息，如人药兽用、耐药性等危害评估。另外，更需要重视的是禁用药物没有设定最高残留限量，在选用检测、验证方法时要特别关注灵敏度，尤其批量实验过程中控制质量时要考察方法的检出限、定量限或测定低限等关键点的定性及准确度考察。

食品动物禁用的兽药及其他化合物清单

序号	兽药及其他化合物名称	禁止用途	禁用动物
1	β-兴奋剂类:克仑特罗Clenbuterol、沙丁胺醇Salbutamol、西马特罗Cimaterol及其盐、酯及制剂	所有用途	所有食品动物
2	性激素类:己烯雌酚Diethylstilbestrol及其盐、酯及制剂	所有用途	所有食品动物
3	具有雌激素样作用的物质:玉米赤霉醇Zeranol、去甲雄三烯醇酮Trenbolone、醋酸甲孕酮Mengestrol,Acetate及制剂	所有用途	所有食品动物
4	氯霉素Chloramphenicol及其盐、酯(包括:琥珀氯霉素Cholramphenicol Succinate)及制剂	所有用途	所有食品动物
5	氨苯砜Dapsone及制剂	所有用途	所有食品动物
6	硝基呋喃类:呋喃唑酮Furazolidone、呋喃它酮Furaltadone、呋喃苯烯酸钠Nifurstyrenate sodium及制剂	所有用途	所有食品动物
7	硝基化合物:硝基酚钠Sodium nitrophenolate、硝呋烯腙Nitrovin及制剂	所有用途	所有食品动物
8	催眠、镇静类:安眠酮Methaqualone及制剂	所有用途	所有食品动物
9	林丹(丙体六六六)Lindane	杀虫剂	所有食品动物
10	毒杀芬(氯化烯)Camahechlor	杀虫剂、清塘剂	所有食品动物
11	呋喃丹(克百威)Carbofuran	杀虫剂	所有食品动物
12	杀虫脒(克死螨)Chlordimeforn	杀虫剂	所有食品动物
13	双甲脒Amitraz	杀虫剂	水生食品动物
14	酒石酸锑钾Antimonypotassiumtartrate	杀虫剂	所有食品动物
15	锥虫胂胺Tryparsamide	杀虫剂	所有食品动物
16	孔雀石绿Malachitegreen	抗菌、杀虫剂	所有食品动物
17	五氯酚酸钠Pentachlorophenolsodium	杀螺剂	所有食品动物
18	各种汞制剂包括:氯化亚汞(甘汞)Calomel、硝酸亚汞Mercurous nitrate、醋酸汞Mercurous acetate、吡啶基醋酸汞Pyridyl mercurous acetate	杀虫剂	所有食品动物
19	性激素类:甲基睾丸酮Methyltestosterone、丙酸睾酮Testosterone Propionate、苯丙酸诺龙Nandrolone Phenylpropionate、苯甲酸雌二醇Estradiol Benzoate及其盐、酯及制剂	促生长	所有食品动物
20	催眠、镇静类:氯丙嗪Chlorpromazine、地西泮(安定)Diazepam及其盐、酯及制剂、	促生长	所有食品动物
21	硝基咪唑类:甲硝唑Metronidazole、地美硝唑Dimetronidazole及其盐、酯及制剂、	促生长	所有食品动物

注: 1. 食品动物是指各种供人食用或其产品供人食用的动物。

2.《禁用清单》序号01~18所列品种的原料药及其单方、复方制剂产品停止生产、经营和使用。

3.《禁用清单》序号19~21所列品种的原料药及其单方、复方制剂产品为不准以抗应激、提高饲料报酬、促进动物生产为目的在动物饲养过程中使用。

第四节 畜禽养殖业污染物排放标准

国家环境保护总局、国家质量监督检验检疫总局发布。

为贯彻《环境保护法》《水污染防治法》《大气污染防治法》，控制畜禽养殖业产生的废水、废渣和恶臭对环境的污染，促进养殖业生产工艺和技术进步，维护生态平衡，制定本标准。

本标准适用于集约化、规模化的畜禽养殖场和养殖区，不适用于畜禽散养户。根据养殖规模，分阶段逐步控制。鼓励种养结合和生态养殖，逐步实现全国养殖业的合理布局。

根据畜禽养殖业污染物排放的特点，本标准规定的污染物控制项目包括生化指标、卫生学指标和感官指标等。为推动畜禽养殖业污染物的减量化、无害化和资源化，促进畜禽养殖业干清粪工艺的发展，减少水资源浪费，本标准规定了废渣无害化环境标准。

附：畜禽养殖业污染物排放标准

1 主题内容和适用范围

1.1 主题内容

本标准按集约化畜禽养殖业的不同规模分别规定了水污染物、恶臭气体的最高允许日均排放浓度、最高允许排水量，畜禽养殖业废渣无害化环境标准。

表1 集约化畜禽养殖场的适用规模（以存栏数计）

类别 规模分级	猪（头） （25千克以上）	鸡（只）		牛（头）	
		蛋鸡	肉鸡	成年奶牛	肉牛
I级	≥3000	≥100000	≥200000	≥200	≥400
II级	500≤Q<3000	15000≤Q<100000	30000≤Q<200000	100≤Q<200	200≤Q<400

表2 集约化畜禽养殖区的适用规模(以存栏数计)

类别 规模分级	猪(头) (25千克以上)	鸡(只)		牛(头)	
		蛋鸡	肉鸡	成年奶牛	肉牛
I级	≥6000	≥200000	≥400000	≥400	≥800
II级	3000≤Q<6000	100000≤Q<200000	200000≤Q<400000	200≤Q<400	400≤Q<800

1.2 适用范围

本标准用于全国集约化畜禽养殖场和养殖区污染物的排放管理,以及这些建设项目环境影响评价、环境保护设施设计、竣工验收及其投产后的排放管理。

1.2.1 本标准适用的畜禽养殖场和养殖区规模分级,按表1和表2执行。

1.2.2 对具有不同畜禽种类的养殖场和养殖区,其规模可将鸡、牛的养殖量换算成猪的养殖量,换算比例为:30只蛋鸡换成1头猪,60只肉鸡折算成1头猪,1头奶牛折算成10头猪,1头牛折算成5头猪。

1.2.3 所有I级规模范围内的集约化畜禽养殖场和养殖区,以及II级规模范围内且地处国家环境保护重点城市、重点流域和污染严重河网地区的集约化畜禽养殖场和养殖区,自本标准实施之日起开始执行。

1.2.4 其他地区II级规模范围内的集约化养殖场和养殖区,实施标准的具体时间可由县级以上人民政府环境保护行政主管部门确定。

1.2.5 对集约化养羊场和养羊区,将羊的养殖量换算猪的养殖量,换算比例为:3只羊换算成1头猪,根据换算后的养殖量确定养羊场或养羊区的规模级别,并参照本标准的规定执行。

2 定义

2.1 集约化畜禽养殖场

指进行集约化经营的畜禽养殖场。集约化养殖是指在较小的场地内,投入较多的生产资料和劳动采用新的工艺技术措施,进行精心管理的饲养方式。

2.2 集约化畜禽养殖区

指距居民区一定距离，经过行政区划确定的多个畜禽养殖个体生产集中的区域。

2.3 废渣

指养殖场外排放的畜禽粪便、畜禽舍垫料、废饲料及散落的毛羽等固体废物。

2.4 恶臭污染物

指一切刺激嗅觉器官，引起人们不愉快及损害生活环境的气体物质。

2.5 臭气浓度

指恶臭气体（包括异味）用无臭空气进行稀释，稀释到刚好无臭时所需的稀释倍数。

2.6 最高允许排水量

指在畜禽养殖过程中直接用于生产的水的最高允许排放量。

3 技术内容

本标准按水污染物、废渣和恶臭气体的排放分为以下三部分。

3.1 畜禽养殖业水污染物排放标准

3.1.1 畜禽养殖业废水不得排入敏感水域和有特殊功能的水域。排放去向应符合国家和地方有关规定。

3.1.2 标准适用规模范围内的畜禽养殖业的水污染物排放分别执行表3、表4、和表5的规定。

表3 集约化畜禽养殖业水冲工艺最高允许排水量

种类	猪(米³/百头·天)		鸡(米³/千只·天)		牛(米³/百头·天)	
季节	冬季	夏季	冬季	夏季	冬季	夏季
标准值	2.5	3.5	0.8	1.2	20	30

注：废水最高允许排放量的单位中，百头、千只均指存栏数。

春、秋季废水最高允许排放量按冬、夏两季的平均值计算。

表4　集约化畜禽养殖业水冲工艺最高允许排水量

种类	猪(米³/百头·天)		鸡(米³/千只·天)		牛(米³/百头·天)	
季节	冬季	夏季	冬季	夏季	冬季	夏季
标准值	1.5	1.8	0.5	0.7	17	20

表5　集约化畜禽养殖业污染物最高允许日均排放浓度

控制项目	五日生化需氧量(毫克/升)	化学需氧量(毫克/升)	悬浮物(毫克/升)	氨氮(毫克/升)	总磷(以P计)	粪大肠菌群数(个/100毫升)	卵(个/升)
标准值	150	400	200	80	8.0	1000	2.0

3.2　畜禽养殖业废渣无害化环境标准

3.2.1　畜禽养殖业必须设置废渣的固定储存设施和场所，储存场所要有防止粪液渗漏、溢流措施。

3.2.2　用于直接还田的畜禽粪便，必须进行无害化处理。

3.2.3　禁止直接将废渣倾倒入地表水体或其他环境中。畜禽粪便还田时，不能超过当地的最大农田负荷量。避免造成面源污染和地下水污染。

3.2.4　经无害化处理后的废渣，应符合表6的规定。

表6　畜禽养殖业废渣无害化环境标准

控制项目	指　标
蛔虫卵	死亡率≥95%
粪大肠菌群数	≤10⁵个/千克

注：废水最高允许排放量的单位中，百头、千只均指存栏数。春秋季废水最高允许排放量按冬、夏两季的平均值计算。

3.3　畜禽养殖业恶臭污染物排放标准

3.3.1　集约化畜禽养殖业恶臭污染物的排放执行表7的规定。

3.4　畜禽养殖业应积极通过废水和粪便的还田或其他措施对所排放的污染物进行综合利用，实现污染物的资源化。

表 7　集约化畜禽养殖业恶臭污染物排放标准

控制项目	指　标
臭气浓度(无量纲)	70

4　监测

污染物项目监测的采样和采样频率应符合国家环境监测技术规范的要求。污染物项目的监测方法按表 8 执行。

表 8　畜禽养殖业污染物排放配套监测方法

序号	项目	监测方法	方法来源
1	生化需氧(BOD$_5$)	稀释与接种法	GB 7488-87
2	化学需氧(COD$_{Cl}$)	重铬酸钾法	GB 11914-89
3	悬浮物(SS)	重量法	GB 11901-89
4	氨氮(NH3-N)	纳氏试剂比色法 水杨酸分光光度法	GB 7479-87 GB 7481-87
5	总 P(以 P 计)	钼蓝比色法	1)
6	粪大肠菌群数	多管发酵法	GB 5750-85
7	蛔虫卵	吐温-80 柠檬酸缓冲液 离心沉淀集卵法	2)
8	蛔虫卵死亡率	堆肥蛔虫卵检查法	GB 7959-87
9	寄生虫卵沉降率	粪稀蛔虫卵检查法	GB 7959-87
10	臭气浓度	三点式比较臭袋法	GB 14675

注：分析方法中,未列出国标的暂时采用下列方法,待国家标准方法颁布后执行国家标准。
1)水和废水监测分析方法(第三版),中国环境科学出版社,1989。
2)卫生防疫检验,上海科学技术出版社,1964。

5　标准的实施

5.1　本标准由县级以上人民政府环境保护行政主管部门实施统一监督管理。

5.2　省、自治区、直辖市人民政府可根据地方环境和经济发展的需要,确定严于本标准的集约化畜禽养殖业适用规模,或制定更为严格的地方畜禽养殖业污染物排放标准,并报国务院环境保护行政主管部门备案。

第五节　畜禽场环境质量标准

为贯彻《中华人民共和国环境保护法》和《中华人民共和国环境保护标准管理办法》，保护畜禽场与其周围环境，保护畜禽产品质量，保障人民群众健康，促进畜牧业可持续发展，特制定本标准。

本标准分三部分：畜禽场必要的空气环境；生态环境质量标准；畜禽饮用水的水质标准。

本标准适用于畜禽场环境质量的监督、检验、测试、管理、建设项目的环境影响评价及畜禽场环境质量的评估。

本标准在制定过程中参照以下标准：GB3095–1996《环境空气质量标准》、GB3096–1993《城市区域环境噪声标准》、GB/T14848–1993《地下水质量标准》、GB5749–1985《生活饮用水卫生标准》、GB14554–1993《恶臭污染物排放标准》。

本标准在畜禽环境行业中属于国内首次制订。

本标准由中华人民共和国农业农村部质量标准办公室提出并归口。

本标准起草单位：农业农村部畜牧环境质量监督检验测试中心、中国农业大学资源与环境学院。

本标准主要起草人：刘成国、卞希俊、唐军利、佟利功、游凌、直俊强。

本标准由中华人民共和国农业农村部质量标准办公室和农业农村部畜牧环境质量监督检验测试中心负责解释。

附：畜禽场环境质量标准

1　范围

本标准规定了畜禽场必要的空气、生态环境质量标准以及畜禽饮用水的水质标准。

本标准适用于畜禽场的环境质量控制、监测、监督、管理、建设项目的评价及畜禽场环境质量的评估。

2 引用标准

下列标准所包含的条文，通过在本标准中引用而构成为本标准的条文。本标准出版时，所示版本均为有效。所有标准都会被修订，使用本标准的各方应探讨使用下列标准最新版本的可能性。

GB2930-1982　牧草种子检验规程

GB/T　5750-1985　生活饮用水标准检验法

GB/T　6920-1986　水质　pH值的测定　玻璃电极法

GB/T　7470-1987　水质　铅的测定　双流腙分光光度法

GB/T　7475-1987　水质　铜、锌、铅、镉的测定原子吸收分光光谱法

GB/T　7467-1987　水质　六价铬的测定　二苯碳酰二肼分光光度法

GB/T　7477-1987　水质　钙和镁总量的测定　EDTA滴定法

GB/T　13195-1991　水质　水温的测定　温度计或颠倒温度计测定法

GB/T　14623-1993　城市区域环境噪声测量方法

GB/T　14668-1993　空气质量　氨的测定　纳氏试剂比色法

GB/T　14675-1993　空气质量　恶臭的测定　三点比较式臭袋法

GB/T　15432-1995　环境空气　总悬浮颗粒物的测定重量法

3 术语

3.1 畜禽场

按养殖规模标准规定：鸡≥5000只，母猪存栏≥75头，牛≥25头为畜禽场，该场应设置有舍区、场区和缓冲区。

3.2 舍区

畜禽所处的半封闭的生活区域，即畜禽直接的生活环境区。

3.3 场区

规模化畜禽场围栏或院墙以内，舍区以外的区域。

3.4　缓冲区

在畜禽场外周围，沿场院向外≤500m范围内的畜禽保护区，该区具有保护畜禽场免受外界污染的功能。

3.5　PM10

可吸入颗粒物，空气动力学当量直径≤10um的颗粒物。

3.6　TSP

总悬浮颗粒物，空气动力学当量直径≤100um颗粒物。

4　技术要求

4.1　畜禽场空气环境质量

畜禽场空气质量见表1。

表1　畜禽场空气环境质量

序号	项目	单位	缓冲区	场区	舍区			
					禽舍		猪舍	牛舍
					雏	成		
1	氨气	mg/m³	2	5	10	15	25	20
2	硫化氢	mg/m³	1	2	2	10	10	8
3	二氧化碳	mg/m³	380	750	1500		1500	1500
4	PM10	mg/m³	0.5	1	4		1	2
5	TSP	mg/m³	1	2	8		3	4
6	恶臭	稀释倍数	40	50	70		70	70

注：表中数据皆为日均值。

4.2　舍区生态环境质量

舍区生态环境质量见表2。

4.3　畜禽饮用水质量

畜禽饮用水质量见表3。

表 2　舍区生态环境质量

序号	项目	单位	禽		猪		牛
			雏	成	仔	成	
1	温度	℃	21~27	10~24	27~32	11~17	10~15
2	湿度（相对）	%	75		80		
3	风速	m/s	0.5	0.8	0.4	1.0	1.0
4	照度	Ix	50	30	50	30	50
5	细菌	个/m³	25000		17000		20000
6	噪声	dB(A)	60	80	80		75
7	粪便含水率	%	65~75		70~80		65~75
8	粪便清理	—	干法		日清粪		日清粪

表 3　畜禽饮用水质量

序号	项目	单位	自备井	地面水	自来水
1	大肠菌群	个/L	3	3	
2	细菌总数	个/L	100	200	
3	PH	—	5.5~5.8		
4	总硬度	mg/L	600		
5	溶解性总固体	mg/L	2000①		
6	铅	mg/L	Ⅳ类地下水标准	Ⅳ类地面水标准	饮用水标准
7	铬（六价）	mg/L	Ⅳ类地下水标准	Ⅳ类地面下水标准	饮用水标准

注：①甘肃、青海、新疆和沿海、岛屿地区可放宽到3000mg/L。

5　监测

5.1　采样

环境质量各种参数的监测及采样点、采样办法、采样高度及采样频率的要求按《环境监测技术规范》执行。

5.2　分析方法

各项污染物的分析方法见表4。

表 4　各项污染物的分析方法

序号	项目	方法	方法来源
1	氨气	纳氏试剂比色法	GB/T 14668-1993
2	硫化氢	碘量法	中国环境监测总站《污染源统一监测分析方法》(废气部分),标准出版社,1985
3	二氧化碳	滴定法	国家环保总局《水和废水监测分析方法》(第 3 版),中国环境科学出版社,1989
4	PM_{10}	重量法	GB/T 6920-1986
5	TSP	重量法	GB/T 15432-1995
6	恶臭	三点比较式臭袋法	GB/T 14675-1993
7	温度	温度计测定法	GB/T 13195-1991
8	湿度(相对)	湿度计测定法	国家气象局《地面气象观测规范》,1979
9	风速	风速仪测定法	国家气象局《地面气象观测规范》,1979
10	照度	照度计测定法	国家气象局《地面气象观测规范》,1979
11	空气、细菌总数	平板法	GB/T 5750-1985
12	噪声	声级计测量法	GB/T 14623-1993
13	粪便含水率	重量法	参考 GB2930-1982,暂采用此法,待国家方法标准发布后,执行国家标准
14	大肠菌群	多管发酵法	GB/T 5750-1985
15	水质 细菌总数	菌落总数测定	《水和废水监测分析方法》(第 3 版),中国环境科学出版社,1989
16	PH	玻璃电极法	GB/T 6920-1986
17	总硬度	EDTA 滴定法	GB/T 7477-1987
18	溶解性总固体	重量法	国家环保总局《水和废水监测分析方法》(第 3 版),中国环境科学出版社,1989
19	铅	原子吸收分光光度法 双硫腙分光光度法	GB/T 7475-1987 GB/T 7470-1987
20	铬(六价)	二苯碳酰二肼分光光度法	GB/T 7467-1987

第六节　武威市肉羊生产技术规程(试行)

为规范武威市肉羊生产过程中的术语和定义、生产环境条件、羊舍设计和建筑要求等各项应遵循的准则，特制定了本技术规程。

附：武威市肉羊生产技术规程(试行)

1　范围

本规程规定了武威市肉羊生产过程中的术语和定义、生产环境条件、羊舍设计和建筑要求、种羊及育肥羊的引进、饲料准备、饲养管理、卫生消毒、防疫和兽药使用、灭鼠与杀虫、废弃物处理、资料记录等涉及肉羊生产各个环节应遵循的准则。

本规程适用于武威市辖区内肉羊养殖场、户的肉羊生产。

2　规范性引用文件

下列文件对于本文件的应用是必不可少的。凡是注明日期的引用文件，仅注日期的版本适用于本文件，凡是不注明日期的引用文件，其最新版本（包括所有的修改单）适用于本文件。

GB 18596—2001　畜禽养殖业污染物排放标准

GB 16548—1996　畜禽病害肉尸及其产品无害化处理规程

GB 16567—1996　种畜禽调运检疫技术规范

NY/T 388　畜禽场环境质量标准

NY/T 391　绿色食品　产地环境质量标准

NY/T 471　绿色食品　畜禽饲料及饲料添加剂使用准则

NY/T 472　绿色食品　兽药使用准则

NY/T 682—2003　畜禽场场区设计技术规范

DB62/T 953　武威市无公害农产品　畜禽饲养兽医防疫规范

DB62/T 955　　武威市无公害农产品生产技术规程　炭疽　结核　巴氏杆菌病防治

DB62/T 958　　武威市无公害农产品生产技术规程　畜禽主要寄生虫病防治《种畜禽管理条例》

3　术语和定义

下列术语和定义适用于本标准。

3.1　肉羊。在经济或体形结构上用于生产羊肉的品种（系）。

3.2　净道。羊群周转、饲养员行走、场内运送饲料的专用道路。

3.3　污道。粪便等废弃物出场的道路。

3.4　羊场废弃物。主要包括羊粪、尿、尸体及相关组织、垫料、过期兽药、残余疫苗、一次性使用的畜牧兽医器械及包装物和污水。

4　生产环境条件

4.1　场址选择、总平面布置、场区道路、竖向设计和场区绿化应符合NY/T 682-2003的要求。

4.2　养殖场内空气、生态环境质量应符合NY/T 388、NY/T 391要求。

5　羊舍设计和建筑要求

5.1　羊舍设计

羊舍采用单列半棚式塑料暖棚：坐北向南，有良好的保暖、通风、采光性能。

5.2　建筑要求

5.2.1　长度。单列式羊舍长度一般以50~60m为宜，超过60m则应按双列式结构建造。也可根据饲养规模，按每只羊占羊床宽0.3~0.4m计算。

5.2.2　跨度。跨度根据羊床长度、饲槽宽度、饲喂道宽度、墙体厚度等参数确定，一般为6~8m。

5.2.3　高度。一般不超过3.5m。

5.2.4　棚面。指羊舍正面朝南在龙骨支架上敷设塑料薄膜和阳光板等材料形成的保温面。龙骨从屋脊顶端延伸到前墙或前墙外地面，气候寒冷地区应采用龙骨延伸到前墙外地面的结构形式。龙骨弧度一般为45°~50°。

5.2.5　后屋面。后屋面宽度要超出后墙0.5m，坡度为10°~25°。如果采用彩钢结构，屋面坡度一般在10°左右。宽度和坡度也可根据屋脊高度和后墙高度适当调整。

5.2.6　门窗。羊舍后墙设门和窗户，正对饲喂道设侧门。农户传统喂养门宽以1.5~1.6m为宜，规模较大时需考虑三轮车的出入，喂养门需扩宽至2.0~2.2m为宜。

5.2.7　饲喂通道。饲喂专用通道宽1.5~1.8m，高度与饲槽外延持平，以1%~1.5%的坡度挺向设在前沿墙底部的雨水出口。前沿墙底部的雨水出口直径75cm，每2~3间设一个。

5.2.8　饲槽。指饲槽，呈"U"型，远羊侧沿高与饲喂通道持平。

5.3　环境质量

舍内空气环境质量应符合NY/T 388、NY/T 391要求。

6　种羊及育肥羊的引进

6.1　引种原则

引进种羊，应按GB 16567-1996进行检疫。引进的种羊，隔离观察30~45d，经兽医部门检查确定为健康合格后，方可供繁殖使用。引进种羊必须从具有种畜禽生产经营许可证的种羊场引进，不应从疫区引进种羊。

6.2　育肥羊选择

6.2.1　品种：各品种羊均可用于育肥，但以肉用品种及其杂种羊的育肥效果好。

6.2.2　年龄选择：不同年龄段的羊均可育肥，但以断奶羔羊育肥为好。

7　饲料准备

7.1　饲草、饲料加工

7.1.1　肉羊饲料有谷、豆类籽实、饼粕类等精饲料类、紫花苜蓿等青干草、农业作物秸秆等粗饲料类和甜高粱等青绿多汁饲料、糟渣饲料、矿物质饲料等，育肥期间每只羊准备精饲料12~16kg，粗饲料60~80kg，适量的食盐和其他常量、微量元素等矿物质饲料。青绿多汁饲料和糟渣饲料视情况而定。

7.1.2　饲草、饲料在饲喂前进行加工调制，籽实饲料要粉碎，青干草、农作物秸秆饲料和青绿饲料要切短或进行青贮、氨化、微贮处理。

7.1.3　饲草、饲料应保持新鲜，无发霉、变质，在加工调制饲喂前除去尘土、铁丝、石块、玻璃、塑料、鸡毛等杂物。

7.1.4　饲草、饲料应贮藏于饲料房和草棚内，防止风吹、日晒、雨淋及人畜践踏。

7.2　饲料配合

7.2.1　饲料应根据羊的生产用途和不同体重营养需要适当搭配饲喂。日粮中精料应占 10%~15%，粗饲料占 80%~85%。

7.2.2　精饲料要按饲养标准配制全价日粮。

7.2.3　饲料卫生质量应符合 NY/T 471 的要求。

7.2.4　饲料中严禁加入动物性饲料。

8　饲养管理

8.1　饲养方式

采用舍饲育肥技术，育肥期一般为 60~80d，在育肥开始前应有 10~15d 的预饲期。

8.2　饲喂

饲喂顺序应遵循先粗后精、先干后湿的程序，即先喂干草，再喂多汁饲料或青贮料，最后喂精料，喂前应捡出饲料中混有的杂物，坚持定时定量，少添勤喂，做到不堆槽，不空槽，不喂发霉变质的饲料、饲草。

8.3　饮水

日饮水 1~2 次或自由饮水。冷季水温不低于 8℃。饮用水水质应符合 NY/T 391 的要求。

8.4　管理

饲养中要注意观察羊的食欲、精神状态和粪便状况，发现羊群或个别食欲不振，精神沉郁，行动不安，粪便过稀或过干等异常情况，应查明原因，及时处理。发现可疑病羊，应立即隔离饲养。

9 卫生消毒

9.1 环境消毒

9.1.1 羊场门口和羊舍门口应设消毒池，池内经常换置2%火碱煤酚消毒液。

9.1.2 羊舍周围环境（包括运动场）每7d用2%火碱消毒或撒生石灰1次。

9.1.3 场内污水池、排粪坑和下水道每30d用漂白粉消毒1次。

9.2 羊舍消毒

9.2.1 羊舍缓冲间设置紫外线菌灯，入舍人员应照射杀菌5min。

9.2.2 羊舍内应每天清除粪便和废弃物。保持清洁、卫生，每15d用0.1%新洁尔灭，0.3%过氧乙酸，0.1%次氯酸等消毒液带羊消毒一次。每批羊只调出后，要彻底清扫干净，用高压水枪冲洗，然后进行喷雾消毒或熏蒸消毒。

9.2.3 饲槽和饮水槽每天彻底清扫干净，每7~14d用10%~20%火碱溶液消毒一次。

9.3 用具消毒 羊场内所有用具要各自专用，每15d用0.1%新洁尔灭或0.2%~0.5%过氧乙酸消毒，然后在密闭的室内进行熏蒸。

9.4 人员消毒

9.4.1 羊场管理人员和饲养人员应定期进行健康检查，传染病患者不得从事饲养和管理工作。

9.4.2 工作人员进入生产区应更换工作服并进行消毒，工作服不应穿出场外，每15d用新洁尔灭或煤酚水溶液清洗消毒。

9.4.3 严禁外来车辆和人员进入场区，确需进入必须严格消毒。参观人员入场应更换场区工作服和工作鞋，并遵守场内卫生防疫制度。

10 防疫和兽药使用

10.1 防疫

10.1.1 严格按照DB62/T 953要求进行各种疫苗预防接种。

10.1.2 羊炭疽、羊巴氏杆菌病按DB62/T 955执行。

10.1.3 严禁从疫区购羊和饲料，购羊时要进行检疫和疫苗免疫接种，购羊运输途中不应在疫区、城镇和集市停留、饮水和饲喂，防止带入疫病。

10.2 兽药使用

10.2.1 兽药使用应按照 NY/T 472 执行。

10.2.2 羊在正常情况下禁止使用任何药物，必须用药时，应准确计算休药期。

10.2.3 不应使用未经有关部门批准使用的激素类药物及抗生素。

10.2.4 内外寄生虫的驱治，应按 DB62/T 958 执行。

11 灭鼠与杀虫

11.1 灭鼠 定期、定点投放灭鼠药灭鼠，并及时收集死鼠和残余鼠药，做无害化处理。

11.2 杀虫 在羊场周围杂草和水坑等蚊虫滋生地和羊舍内喷洒无毒灭蝇剂消灭蚊蝇。

12 病、死羊处理

12.1 需要淘汰、处死的可疑病羊，应采取不会把血液和渗出物散播的方法进行扑杀，病羊尸体应按 GB 16548-1996 进行处理。

12.2 病羊、死羊不得出售或转移，应按照 DB62/T 953 的要求处理。

12.3 有治疗价值的羊应隔离饲养，由兽医进行诊断、治疗。

13 废弃物处理

13.1 羊场废弃物处理按 GB 18596-2001 执行。

13.2 粪便经沼气池发酵后作为农业用肥。

14 资料记录

14.1 建立购羊档案 包括进羊的品种、年龄、购羊日期、进羊数量、羊只来源、饲养员姓名等。

14.2 建立生产记录 包括日期、舍内温度、湿度、存栏数量、喂料量、羊群健康状况、免疫记录、用药。

14.3 保存 档案、记录应保存 2 年以上。